《关于进一步加强城市生活垃圾处理工作的意见》解读

中国建筑工业出版社

图书在版编目（CIP）数据

《关于进一步加强城市生活垃圾处理工作的意见》解读/本书编委会主编．—北京：中国建筑工业出版社，2012.7
ISBN 978-7-112-14398-6

Ⅰ.①关… Ⅱ.①本… Ⅲ.①城市-垃圾处理-中国 Ⅳ.①X799.305

中国版本图书馆CIP数据核字（2012）第121634号

2011年国务院发布了《国务院批转住房城乡建设部等部门关于进一步加强城市生活垃圾处理工作意见的通知》，为了做好对《关于进一步加强城市生活垃圾处理工作的意见》（以下简称《意见》）的宣传和实施工作，住房城乡建设部相关部门组织人员编写了本书。本书对《意见》的条文进行了深入的解读，有助于各级部门和相关人员对《意见》的学习和理解，从而推动相关工作的开展。

责任编辑：田启铭　王　磊
责任设计：叶延春
责任校对：党　蕾　赵　颖

《关于进一步加强城市生活垃圾处理工作的意见》解读

*

中国建筑工业出版社出版、发行（北京西郊百万庄）
各地新华书店、建筑书店经销
北京红光制版公司制版
化学工业出版社印刷厂印刷

*

开本：850×1168毫米　1/32　印张：3　字数：80千字
2013年1月第一版　2013年1月第一次印刷
定价：**18.00**元
ISBN 978-7-112-14398-6
（22424）

版权所有　翻印必究
如有印装质量问题，可寄本社退换
（邮政编码　100037）

参编人员名单

顾　　问：仇保兴

主　　编：李如生

副 主 编：肖家保

参编人员：陶　华　徐文龙　张　益　徐海云
杨海英　杨宏毅　李海莹　肖　卫
葛亚军　范明志　张　俊　张　黎

序

随着我国城市化、工业化进程快速发展，人民生活水平不断提高，城市生活垃圾产生量与日俱增，无害化处理设施处理能力较低、设施运行水平不高，严重影响着人居环境质量和城市安全运行水平。为切实加强我国城市生活垃圾处理工作，2011 年 4 月，国务院批转了住房城乡建设部、环境保护部、发展改革委、教育部、科技部、工业和信息化部、监察部、财政部、人力资源社会保障部、国土资源部、农业部、商务部、卫生部、税务总局、广电总局、中央宣传部《关于进一步加强城市生活垃圾处理工作的意见》（国发〔2011〕9 号，以下简称《意见》）。《意见》是指导今后城市生活垃圾处理工作的纲领性文件，对于行业发展具有里程碑式的意义。

《意见》要求各地区、各有关部门高度重视城市生活垃圾处理工作，综合运用法律、行政、经济和技术等手段，控制城市生活垃圾产生、提高城市生活垃圾处理能力和水平、强化监督管理、加大政策支持力度和组织领导，把城市生活垃圾处理工作提升到新的高度。

为进一步做好《意见》的贯彻落实工作，住房城乡建设部组织中国城市环境卫生协会、中国城市建设研究院、上海环境卫生工程设计院、北京市环境卫生设计科学研究所等单位完成了《意见》解读的编写工作。本书按照《意见》的结构，分为“深刻认识城市生活垃圾处理工作的重要意义”、“指导思想、基本原则和发展目标”、“切实控制城市生活垃圾产生”、“全面提高城市生活垃圾处理能力和水平”、“强化监督管理”、“加大政策支持力度”、“加强组织领导”7 个章节，内容丰富，既有理论知识又有实际案例。本书的出版将会对负责城市生活垃圾处理工作的地方政府及相关部门、科研机构、投资建设运行单位人员以及社会各界人士有所帮助，将为推进城市生活垃圾处理事业健康发展、城市人居环境改善和生态文明建设作出贡献。

仇保兴

2012年10月10日

目　录

第1章　深刻认识城市生活垃圾处理工作的重要意义

【原文】

城市生活垃圾处理是城市管理和环境保护的重要内容，是社会文明程度的重要标志，关系人民群众的切身利益。近年来，我国城市生活垃圾收运网络日趋完善，垃圾处理能力不断提高，城市环境总体上有了较大改善。但也要看到，由于城镇化快速发展，城市生活垃圾激增，垃圾处理能力相对不足，一些城市面临“垃圾围城”的困境，严重影响城市环境和社会稳定。各地区、各有关部门要充分认识加强城市生活垃圾处理的重要性和紧迫性，进一步统一思想，提高认识，全面落实各项政策措施，推进城市生活垃圾处理工作，创造良好的人居环境，促进城市可持续发展。

【解读】

1. 我国城市生活垃圾处理有关情况

（1）生活垃圾定义

《固体废物污染环境防治法》将固体废物分为工业固体废物、生活垃圾和危险废物，同时规定“生活垃圾，是指在日常生活中或者为日常生活提供服务的活动中产生的固体废物以及法律、行政法规规定视为生活垃圾的固体废物”。通常这一定义被理解为“广义”的生活垃圾，包括粪便、餐厨垃圾、建筑垃圾等。

（2）相关统计数据

据统计，2008年我国城市生活垃圾清运量为1.54亿t，2009年为1.57亿t，2010年为1.58亿t。据专家估计，清运量约占实际产生量的95%，人均产生量约为0.9～1.1kg/d。

我国城市生活垃圾处理起步于20世纪80年代中期。截至2010年年底，全国城市生活垃圾无害化处理厂（场）共628座(不含未达到评定标准设施和简易堆放场数量)，无害化处理量1.23亿t，处理能力为38.8万t/d，无害化处理率为77.9%。

(3) 处理方式

目前生活垃圾处理方式以卫生填埋和焚烧为主，其中焚烧在土地资源紧张、经济较为发达的东南沿海地区和内地中心城市有了较快发展。堆肥等其他处理方式，受垃圾分类不到位、技术不成熟、产品出路不畅等因素限制，目前发展较缓慢。2010年，在设市城市经过无害化处理的生活垃圾中，卫生填埋比例为77.9%，焚烧处理为18.8%，堆肥等其他处理方式约3.3%。

同时，中山、北京、苏州、厦门、青岛、上海、深圳等城市建设了生活垃圾综合处理园区，对提升生活垃圾处理水平进行了有益探索。部分城市启动了生活垃圾分类收集（如杭州、北京、广州、上海等）、餐厨垃圾处理（如宁波、苏州、西宁、北京、重庆等）、建筑垃圾资源化利用等工作。

与发达国家相比，我国填埋处理比例较高（图1-1）。德国2006年焚烧处理比例为32%。日本垃圾处理以焚烧处理为主，2006年焚烧生活垃圾量约4000万t，直接焚烧处理比例达76.7%，直接填埋处理仅有4.6%。美国2006年填埋处理占生活垃圾处理的比例为55%，焚烧处理占12.5%。

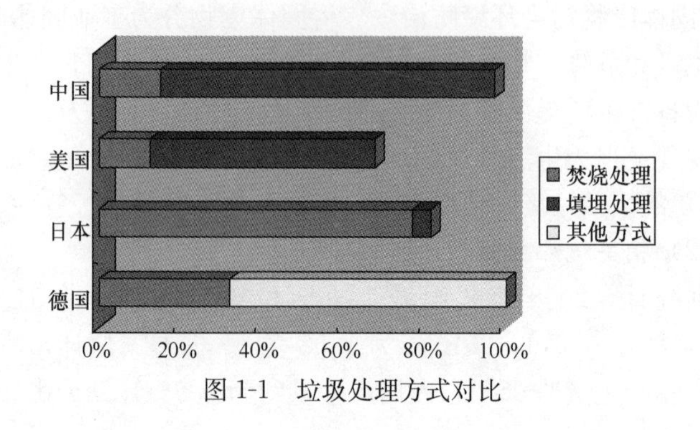

图1-1 垃圾处理方式对比

2. 存在的主要问题

（1） 生活垃圾产生量持续增长

2002～2010 年，我国城市生活垃圾清运量年内增长率为 3.1％。城市生活垃圾的产生量与人口数量、居民生活消费习惯等因素紧密相关。按照目前我国经济社会快速发展的势头，预计今后 10 年我国城市生活垃圾仍将按每年 3％左右的速度增长，到 2020 年我国城市生活垃圾产生量将超过 2 亿 t。“十一五”期间我国城市生活垃圾无害化处理率得到一定提高，主要依赖于新建设施能力的提高和现有设施的超负荷运转，但随着清运量的不断增长，生活垃圾无害化处理压力仍然很大。

（2） 设施处理能力依旧不足

在全国 657 个设市城市中，仍有 203 个城市没有生活垃圾无害化处理设施，占城市总数的 30.9％。据估算，全国累积的未经处理城市生活垃圾约 40 亿 t。餐厨垃圾的试点工作刚刚起步，目前各地的餐厨垃圾大部分未经无害化处理，不少直接进入“地沟油”等地下产业。每年产生建筑垃圾约 5 亿 t，大部分未经妥善处理利用。这些垃圾占用大量的土地，污染水体、空气和土壤，对公众健康造成威胁。

现有生活垃圾处理设施超负荷运行现象普遍存在，大大缩短设施使用年限，严重影响运行质量。北京市、上海市的填埋设施全部超负荷运行。近期全国每年约有 70 座填埋场要关闭，减少处理能力达 3 万 t/d。与此同时，垃圾产生量仍在增长，处理能力不足的矛盾更加尖锐。

（3） 设施建设运营水平不高

我国一些地区的生活垃圾处理设施建设受行政和经济等因素影响，存在技术选择不当、建设档次偏低、施工过程不规范、配套设施不齐全，生产运营难达到相应标准等问题，导致工程建设质量较差。如部分垃圾填埋场设计之初就先天不足，雨污分流不规范，造成后续一系列问题，部分填埋场中一些防渗膜的生产原料采用再生料比例较高，抗老化时间短、抗拉伸强度差，造成防渗工程隐患；焚烧厂中部分小型垃圾焚烧设备简陋，烟气净化手段简单；一些地方盲目建设大型堆肥厂，或选用一些不能全量处理垃圾的边缘技术，建成后不能正常运转。

（4）新建处理设施落地困难

近年来，一些地方尤其是城镇化发展较快、城镇化率较高的地区，陆续发生公众反对城市生活垃圾处理设施建设事件，特别是反对生活垃圾焚烧事件，导致许多已经规划的生活垃圾处理设施无法落地，甚至影响了部分已建成设施的正常使用。

导致设施落地难的原因较为复杂，在国外也是一个难题。一是政府对生活垃圾处理的正面宣传工作缺失或者不足；二是公众参与机制不完善，公众对设施的实际处理效果不知情；三是有的设施建设运营水平不高；四是由于“邻避”心理，公众都不希望在自己的家门口有垃圾处理设施，要求扩大防护距离甚至搬迁现有填埋场和焚烧厂的呼声很高。地方政府既要维护社会稳定大局，又面临“垃圾围城”的巨大压力，陷入两难境地。

3. 问题产生背景及原因分析

（1）城市化因素

我国的城市化已经进入快速发展时期，城市人口迅速膨胀，居民消费总量增加，造成生活垃圾数量的激增。而城市化发展多是“摊大饼”模式，原来在城乡结合部的处理设施逐渐被建成区包围，如果新的处理设施选在建成区外，只能加大垃圾运输的距离，不断提高垃圾处理的成本，甚至引发边界地区的争议。生活垃圾处理设施的防护距离要按照相关标准要求和环境影响评价结果确定，在地产繁荣和土地不断升值的背景下，一些城市已经没有能够满足防护距离的场址可选。

（2）工业化因素

我国的工业化整体仍处于初级阶段水平，距离资源化、低碳经济、循环经济等目标还有很大的距离。大量难于处理甚至有害的废物如家用电器、电子产品、塑料制品等进入城市生活垃圾，使垃圾成分更加复杂。同时工业化发展带来人们饮食习惯和生活水平的改变，水分高、热值低、难于回收利用的厨余垃圾含量也随之增加，进一步增加了生活垃圾的产生量和处理难度。

（3）资金因素

我国环卫设施固定资产投资（含垃圾收运处理、粪便处理、公厕等）占市政公用设施固定资产投资的比例一直低于5%。同时运行经费不足严重影响垃圾处理水平，发达国家用于生活垃圾管理支出约占居民收入的1%，而我国城市生活垃圾管理支出占居民收入不足0.5%，经济发达的城市也不足0.2%。所以，在目前的财税体制之下，仅凭地方政府的财政力量已经难以满足对垃圾处理方面的资金需求。

（4）管理因素

规划建设滞后。一是发展规划严重滞后于城市基础设施的发展；二是部分规划没有考虑生活垃圾处理设施用地的要求，造成选址困难；三是部分设施规划没有及时建设，对周边的建设开发也没有严格控制，造成后续一系列的环境矛盾。

技术市场不规范。部分城市因垃圾处理技术选用不当或盲目引进，一些边缘性技术、伪技术充斥市场，造成处理设施运行效率低下或难以正常运行。部分城市引入市场机制后，未能找准政府与市场的最佳结合点，对设施的建设和运营监管不到位，造成恶性低价中标、建设工程质量不高、运营不能达标排放等一系列问题。

政策标准体系不完善。我国的生活垃圾管理法律法规体系正在逐渐构建和完善中，与生活垃圾有关的立法工作起步较晚。由于生活垃圾处理的地区差异性，一些法律法规的可操作性不强，原则性规定较多，而强制性、惩罚性的措施少，造成实施困难，甚至于因与新技术、新工艺、新材料的跟进不足和标准体系的覆盖范围不够而缺乏可操作性。

专业队伍素质不高。环卫行业长期存在职工文化层次低、工资待遇少、工作时间长、劳动强度大、作业环境恶劣、劳动卫生和作业安全得不到保障等问题，造成队伍不稳定、学习能力差、安全意识弱等，从而影响设施作业效果和运营管理水平。

（5）社会不稳定因素

污染防控不达标。部分未经无害化处理的生活垃圾污染水源、土壤、大气，传播疾病、危害人体健康，存在严重的安全隐患，易引发群体性事件。如北京市海淀区六里屯垃圾填埋场附近居民长期受到臭气的困扰，居民与海淀区政府之间的争议持续了十几年。

信息不透明。由于政府正面宣传工作缺失、舆论引导不到位、对现有的生活垃圾处理设施建设和运营情况及环境参数没有定期公开，加上部分媒体不负责任的片面报导，造成信息不对称，公众不了解垃圾处理的基本概念、项目建设过程和污染物排放状况，产生各种误解，群体性恐慌和激愤容易被放大，引发矛盾和冲突。

公众参与制度不完善。现有法律法规体系中缺乏垃圾处理设施选址中公众参与范围与程序的相关规定，各地设施规划公示、环评民调过程的公众参与度不够，造成选址工作很难推动。

公众维权意识增强。客观地说，生活垃圾处理设施的存在难免会给周边居民生活、心理等带来诸多负面影响。随着土地和房产的升值，进一步加大了公众对环境价值的预期，“邻避”效应更加显现，公众都不希望在自己的家门口建设垃圾处理设施。

第2章 指导思想、基本原则和发展目标

2.1 指导思想

【原文】

（一）指导思想。以科学发展观为指导，按照全面建设小康社会和构建社会主义和谐社会的总体要求，把城市生活垃圾处理作为维护群众利益的重要工作和城市管理的重要内容，作为政府公共服务的一项重要职责，切实加强全过程控制和管理，突出重点工作环节，综合运用法律、行政、经济和技术等手段，不断提高城市生活垃圾处理水平。

【解读】

生活垃圾处理工作就是为了使广大人民拥有良好的生活和工作环境，直接体现了以人为本的科学发展观核心思想。城市生活垃圾处理不仅仅是一项行业管理工作，它涉及社会各方面和每一个人。通常所说城市生活垃圾处理工作，包含生活垃圾的收集、运输、处理和处置等环节。而城市生活垃圾全过程管理，贯穿从原材料开采或选择、商品设计、制造、流通、销售，到消费、废弃、收集、运输、再利用、处理和处置“从摇篮到坟墓”整个过程。要实现生活垃圾减量化、资源化、无害化，就必须实施全过程管理。

2.2 基本原则

【原文】

（二）基本原则。

全民动员，科学引导。在切实提高生活垃圾无害化处理能力的基础上，加强产品生产和流通过程管理，减少过度包装，倡导

节约和低碳的消费模式，从源头控制生活垃圾产生。

综合利用，变废为宝。坚持发展循环经济，推动生活垃圾分类工作，提高生活垃圾中废纸、废塑料、废金属等材料回收利用率，提高生活垃圾中有机成分和热能的利用水平，全面提升生活垃圾资源化利用工作。

统筹规划，合理布局。城市生活垃圾处理要与经济社会发展水平相协调，注重城乡统筹、区域规划、设施共享，集中处理与分散处理相结合，提高设施利用效率，扩大服务覆盖面。要科学制定标准，注重技术创新，因地制宜地选择先进适用的生活垃圾处理技术。

政府主导，社会参与。明确城市人民政府责任，在加大公共财政对城市生活垃圾处理投入的同时，采取有效的支持政策，引入市场机制，充分调动社会资金参与城市生活垃圾处理设施建设和运营的积极性。

【解读】

国际上关于固体废物管理的原则或优先顺序，第一是“避免(Avoidance)或减少(Reduction)”，第二是“再利用(Reuse)和回收(Recycling)”，最后才是“处理和处置”，即“3R”原则。5个原则中前三个原则即生活垃圾处理的“减量化、资源化、无害化”，简称“三化”原则。这二者含义相近，内容相似，没有本质区别。

在全过程管理过程中，实现城市生活垃圾“减量化、资源化、无害化”是一项长期目标和任务，需要广泛宣传，全民动员，既包括转变观念，逐步改变生活习惯和行为方式，如减少过度包装，倡导节约和低碳生活，参与垃圾分类，积极使用再生产品等，也包括统筹规划，合理布局，协调城乡发展。针对当前突出的生活垃圾污染环境问题，近期以加快生活垃圾无害化处理设施建设，提高环境质量，改善民生为主要任务，大力发展循环经济，这是城市人民政府的主要责任。因此，需要不断加大公共财政在这方面的投入，同时也鼓励社会资金参与城市生活垃圾处理设施建设和运营，促使环境卫生服务健康发展。

2.3 发展目标

【原文】

（三）发展目标。到2015年，全国城市生活垃圾无害化处理率达到80%以上，直辖市、省会城市和计划单列市生活垃圾全部实现无害化处理。每个省（区）建成一个以上生活垃圾分类示范城市。50%的设区城市初步实现餐厨垃圾分类收运处理。城市生活垃圾资源化利用比例达到30%，直辖市、省会城市和计划单列市达到50%。建立完善的城市生活垃圾处理监管体制机制。到2030年，全国城市生活垃圾基本实现无害化处理，全面实行生活垃圾分类收集、处置。城市生活垃圾处理设施和服务向小城镇和乡村延伸，城乡生活垃圾处理接近发达国家平均水平。

【解读】

截至2010年年底，全国设市城市和县城生活垃圾年清运量2.21亿t，生活垃圾无害化处理率63.5%，其中设市城市77.9%，县城27.4%。

《“十二五”全国城镇生活垃圾无害化处理设施建设规划》提出“到2015年，直辖市、省会城市和计划单列市生活垃圾全部实现无害化处理，设市城市生活垃圾无害化处理率达到90%以上，县县具备垃圾无害化处理能力，县城生活垃圾无害化处理率达到70%以上，全国城镇新增生活垃圾无害化处理设施能力58万t/d”。

“到2015年，全国城镇生活垃圾焚烧处理设施能力达到无害化处理总能力的35%以上，其中东部地区达到48%以上。”

“到2015年，全面推进生活垃圾分类试点，在50%的设区城市初步实现餐厨垃圾分类收运处理，各省（区、市）建成一个以上生活垃圾分类示范城市。”

“到2015年，建立完善的城镇生活垃圾处理监管体系。”

第3章　切实控制城市生活垃圾产生

3.1　促进源头减量

【原文】

（四）促进源头减量。通过使用清洁能源和原料、开展资源综合利用等措施，在产品生产、流通和使用等全生命周期促进生活垃圾减量。限制包装材料过度使用，减少包装性废物产生，探索建立包装物强制回收制度，促进包装物回收再利用。组织净菜和洁净农副产品进城，推广使用菜篮子、布袋子。有计划地改进燃料结构，推广使用城市燃气、太阳能等清洁能源，减少灰渣产生。在宾馆、餐饮等服务性行业，推广使用可循环利用物品，限制使用一次性用品。

【解读】

1. 加强生产者责任

根据清洁生产促进法，要引入生产者责任制，生产者对其生产的产品全部生命周期负责。规定根据产品产生的废弃物质量、种类、能否回收等标准交纳相应的费用，用于废弃物的收集、分类和处置。生产者责任制度的确立有助于约束生产者使用过多的原材料和不可回收利用的材料，促进生产技术的创新，从而达到从源头削减垃圾的目的。应加大政府引导推进力度，努力发展循环经济、低碳经济，鼓励社会、市民积极参与源头减量工作，同时研究制定相关政策，不断促进清洁生产。包括鼓励包装物回收利用，发展绿色包装，强化生产者责任；提高燃气普及率；倡导节俭型餐饮文化，积极引导绿色消费、适度消费；继续推进净菜上市，减少餐厨垃圾。

2. 促进包装的回收再利用

目前，我国包装工业基本达到了国际先进水平，就产值而言已跻身于世界包装大国的行列。据中国包装联合会数据，2010年我国包装工业总产值已经达到12000亿元，近5年来平均以每年20%的速度递增，而且随着人们对包装的要求越来越高，过度包装的趋势越演越烈，已经到了需要全民对包装的重新认识来建立包装物强制回收制度，促进包装物回收再利用。

3. 减少一次性用品使用和浪费

目前在人们的生活中，一次性用品随处可见，如牙刷、牙膏、拖鞋、梳子、香皂、毛巾、购物袋等日用品，杯子、碗、盘子、筷子等餐具等等。低碳生活、绿色消费就是要倡导人们减少或避免使用一次性用品。当前，首先应该在宾馆酒店行业逐步取消一次性日用品，或取消免费提供一次性日用品，改为明码标价，有偿提供。此外，通过加大宣传力度，提高全社会环境意识，抑制一次性消费习惯，为垃圾减量做贡献。

4. 提高燃气普及率

居民用煤是我国生活垃圾中灰渣的主要来源。我国城镇居民煤炭消费量已经从1985年人均270kg，下降到2009年43kg（图3-1)。居民燃气化程度提高，生活垃圾中的灰土含量将随之减少，从而在源头减少了垃圾的产出量。

5. 推广净菜进城

净菜是洁净蔬菜的简称，指经过挑选、修整（去皮、去根等)、清洗、切分和包装等处理的生鲜蔬菜，可达到直接烹食或生食的卫生要求，具有新鲜、方便、卫生和营养等特点。根据北京市第25个“周四垃圾减量日暨绿色市场月”（2010年10月14

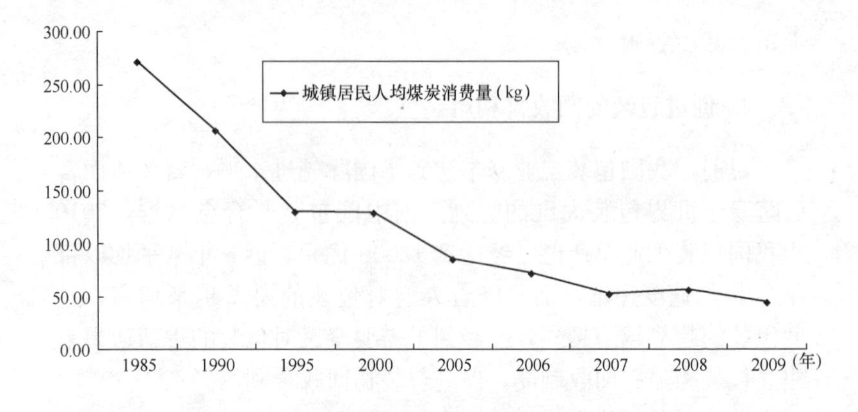

图 3-1　1985～2009 年城镇居民煤炭消费量变化

日）活动报道，北京市通州区八里桥农产品批发市场每天产生果蔬垃圾约为 20t；市场利用垃圾消纳设施对垃圾进行挤压处理，减少体积 50%，单车运送从每日 9 次，减少到 4.5 次，使环境污染和处理成本大大降低。而且八里桥农产品批发市场每天配送蔬菜达 4500 万 kg，大力推进净菜上市后，按每百公斤毛菜加工成 75kg 净菜计算，每天减少 1500 万 kg 蔬菜垃圾。由此可见净菜进城的意义。

3.2　推进垃圾分类

【原文】

（五）推进垃圾分类。城市人民政府要根据当地的生活垃圾特性、处理方式和管理水平，科学制定生活垃圾分类办法，明确工作目标、实施步骤和政策措施，动员社区及家庭积极参与，逐步推行垃圾分类。当前重点要稳步推进废弃含汞荧光灯、废温度计等有害垃圾单独收运和处理工作，鼓励居民分开盛放和投放厨余垃圾，建立高水分有机生活垃圾收运系统，实现厨余垃圾单独收集循环利用。进一步加强餐饮业和单位餐厨垃圾分类收集管理，建立餐厨垃圾排放登记制度。

【解读】

生活垃圾分类能减少垃圾处理处置量、减少垃圾收运处理费用、促进垃圾无害化处理、实现垃圾资源化利用。但目前我国城市生活垃圾分类主要由于政策标准不健全、公众意识不强烈且自我约束机制未形成、综合协调管理监督机制不完善、缺少低成本垃圾计量与记录设施、垃圾分类收运的设施建设缺乏系统规划等原因，导致民众认知度不统一且信心不足、分类准确率和稳定性不够、技术与基础设施不匹配，过程监控与系统管理不到位、推广难度大等问题。

城市人民政府及有关部门应该认识到生活垃圾分类的重要性和复杂性。一是生活垃圾分类能产生规模效应，也能全面提升城市生活垃圾处理能力；二是生活垃圾分类需要一个漫长的过程，关键在于放到怎样的高度上认识，动员多大的层面来做，用怎样的力度推进，以及办法是否得当；三是生活垃圾分类是一项系统工程，应该本着“政府主导、公众参与、全过程分类”的原则进行，要在充分分析研究国内外相关城市垃圾分类的经验或教训的基础上，研究民众分类意识与激励机制，探索分类模式、管理模式、运营模式上的创新，以避免投入与需求的矛盾、快速推进与监管能力的矛盾、高标准与低支付能力的矛盾，才能达到用有限的投入完成最大限度的任务；四是生活垃圾分类也是一项社会基础工程，需要政府主导，动员和发动全社会力量共同推进，更是一项文明素质提升工程，需要进行全民教育，倡导城市文明从垃圾分类起步的理念。

1. 家庭有害垃圾管理

家庭有害垃圾主要有废弃药品、日光灯管、电池、油漆等，建立这些有害垃圾单独收集系统既十分必要，也非常有意义。发达国家已经普遍建立了家庭有毒有害垃圾管理制度，我国目前还没有建立家庭有毒有害垃圾管理体系。从我国这些年来推行废电池回收活动效果来看，为提高收集率，需要建立持续的宣传教育体系，可以建立类似押金制度，提高居民单独收集家庭有害垃圾的积极性。

2. 家庭厨余垃圾单独收集

为了保证清洁利用，家庭厨余垃圾单独收集非常必要。首先需要定时定点收集，一方面减少成本，另一方面控制厨余垃圾异味对周围居民可能带来的影响。其次要建立有效管理与监督体系，家庭厨余垃圾单独收集并不是放几个不同垃圾桶就可以实现的，如何监管才是关键所在。第三，要有经济引导措施如计量收费鼓励厨余垃圾分类，对单独分出的厨余垃圾则实行免费收集或降低费用收集，而对于其他垃圾进行计量收费。第四，要建立稳定的接受场地和接受渠道以完成厨余垃圾资源化处理。

3. 餐厨垃圾管理

餐厨垃圾通常指餐饮业单位、企事业单位、学校、食堂等产生的食物残渣和废料，俗称泔脚、泔水或潲水。广义的餐厨垃圾包括来自单位的上述餐厨垃圾和来自家庭的厨余垃圾。

长期以来，我国并没有对餐厨垃圾进行专门管理，喂猪等传统的处理方式是餐厨垃圾的主要出路。随着“地沟油”事件的发生和公众对食品安全问题的关注，餐厨垃圾处理工作越来越受到重视。餐厨垃圾对城市环境的影响主要表现为在收集、运输途中影响城市环境卫生；餐厨垃圾的不法利用对食品安全以及人体健康构成威胁，餐厨垃圾中的废弃油脂被一些不法商贩回收提炼，制成“地沟油”掺入食用油中出售，重返居民餐桌；餐饮行业产生的餐厨垃圾可能含有各种病菌、病毒会成为人畜之间的交叉传染的途径。

2010 年，国务院办公厅下发了《关于加强地沟油整治和餐厨废弃物管理的意见》（国办发〔2010〕36 号），要求各地政府、各相关部门切实加强地沟油整治和餐厨废弃物资源化利用和无害化处理，完善配套措施。2012 年 4 月，国务院办公厅印发了

《“十二五”全国城镇生活垃圾无害化处理设施建设规划》（国办发〔2012〕23号），要求推进餐厨垃圾分类处理，提高餐厨垃圾资源化利用和无害化处理能力。

为推动餐厨垃圾资源化利用和无害化处理，2010年，发展改革委、住房城乡建设部、财政部、环境保护部及农业部等五部委共同组织开展了城市餐厨废弃物资源化利用和无害化处理试点工作，先后发布了《关于组织开展城市餐厨废弃物资源化利用和无害化处理试点工作的通知》和《关于印发餐厨废弃物资源化利用和无害化处理试点城市（区）初选名单及编报实施方案的通知》，初步确定了北京市朝阳区等33个试点城市（区）开展餐厨垃圾资源化利用和无害化处理工作。2012年3月，五部委又一次印发通知启动第二批餐厨试点工作，通过试点探索不断推动餐厨垃圾的分类收运、处理和规范管理。

2011年，发展改革委会同财政部下发了《循环经济发展专项资金支持餐厨废弃物资源化利用和无害化处理试点城市建设实施方案》（发改办环资〔2011〕1111号），规范了循环经济专项资金的支持内容、支持方式和组织实施程序等内容。发展改革委会同科技部将“餐厨废弃物饲料化过程及饲料化产品的安全性研究项目”作为《循环经济决策支持和系统构建关键技术研究与示范》的重要内容，委托清华大学开展相关研究，已取得了阶段性的成果。同时，国家发改委还会同国家标准委研究编制《餐厨废弃物资源化产物安全质量标准》和《餐厨废油资源回收和深加工技术标准》等5项标准，用于规范餐厨废弃物资源化利用等工作。

3.3 加强资源利用

【原文】

（六）加强资源利用。全面推广废旧商品回收利用、焚烧发电、生物处理等生活垃圾资源化利用方式。加强可降解有机垃圾资源化利用工作，组织开展城市餐厨垃圾资源化利用试点，统筹餐厨垃圾、园林垃圾、粪便等无害化处理和资源化利用，确保工业油脂、生物柴油、肥料等资源化利用产品的质量和使用安全。加快生物质能源回收利用工作，提高生活垃圾焚烧发电和填埋气体发电的能源利用效率。

【解读】

1. 完善废品回收利用体系

我国通常将城市垃圾中可回收的物品一般称为“废品”，包括废旧物资收购体系回收的部分，而将其余部分俗称为生活垃圾，一般由城市环卫部门负责收运与处理。因此，目前，我国城市环卫部门统计的城市生活垃圾清运量基本不能反映“废品”部分。

到目前为止，大部分居民在家庭中对旧报纸、易拉罐等可卖钱的还是基本做到单独收集，然后卖给“回收工”（俗称“拣破烂”或“拾荒人员”），他们大多来自农村，在城市居民区流动的或半固定的收集废旧物，然后再卖给废旧物资回收站。我国目前从事“拾荒”人员没有完整统计，据调查估算，应在200万人以上。这个过程实际上就是生活垃圾的分类收集。所以对于生活垃圾回收利用水平不能简单地对比回收率，而要对比废弃物的回收率。从材料回收角度分析，我国生活垃圾回收利用水平高于发达国家。

2011年10月国务院办公厅印发《关于建立完整的先进的废旧商品回收体系的意见》（国办发〔2011〕49号），指出“由于我国废旧商品回收体系很不完善，不仅影响废物利用，而且极易造成环境污染，建立完整的先进的回收、运输、处理、利用废旧商品回收体系已刻不容缓”，并提出通过抓好废金属等重点废旧商品回收，提高分拣水平，强化科技支撑，发挥大型企业带动作用，推进废旧商品回收分拣集约化、规模化发展，完善回收处理网络，加强行业监管、环境保护等几项重点任务，健全废旧商品回收网络，提高废旧商品回收率，加快建设完整的先进的回收、运输、处理、利用废旧商品回收体系。

2. 餐厨垃圾处理试点工作

自 2010 年餐厨废弃物资源化利用与无害化处理试点工作启动以来，发展改革委、住房城乡建设部等部门分两个批次先后确定了北京市朝阳区等 33 个城市（区）及浙江省金华市等 18 个城市作为试点城市，并安排资金支持试点建设。试点城市出台了相应的管理制度，规范餐厨垃圾分类收集、运输和处理，第一批试点城市多数已经建设了餐厨垃圾处理设施，第二批试点城市的相关工作也开始启动。

“十二五”期间，规划选择一批有条件的城市，在已启动餐厨垃圾处理工作的基础上，继续推动餐厨垃圾单独收集和运输，以适度规模、相对集中的原则，建设餐厨垃圾资源化利用和无害化处理设施。鼓励使用餐厨垃圾生产油脂、沼气、有机肥、饲料等，并加强利用。鼓励餐厨垃圾与其他有机可降解垃圾联合处理。

3. 提高生活垃圾处理设施能源利用效率

我国的生活垃圾处理路线包括 5 个层次的内容：源头减量、废品回收、垃圾转化利用、垃圾能源回用和剩余垃圾填埋，该路线与欧洲议会、欧盟理事会于 2008 年 11 月 19 日发布的废物指令（2008/98/EC）中废物管理层次的基本战略不谋而合，同时该指令指出废物管理层次应作为废物预防和管理、法律和政策中的优先次序。在这 5 个层次转化过程中，随着物质可用价值或可用能量价值降低，每降低一层次的利用，都要比前一层次消耗更多的自然资源。其中垃圾能源回用层次是指利用热能转换装置将垃圾中的热能转化为如蒸汽、电能等加以再利用，但消耗的自然资源会显著增加。所以在垃圾能源回收层，需要提高生活垃圾处理设施（垃圾焚烧发电、填埋沼气发电等）的能源利用效率，才能以同样的自然资源消耗实现生活垃圾能源最大程度的回用。

以生活垃圾焚烧发电设施为例，通常采用垃圾具有的发热量与可替代煤资源的发热量进行对比，也就是说单位垃圾通过焚烧回收的热能可节省不同发热量的煤炭资源，不同热值的吨垃圾可替代煤的比例均不同。从垃圾特性角度分析，若要提高垃圾能源利用效率，就要提高进入焚烧炉时的垃圾热值，而影响进炉垃圾热值的可调因素主要在于垃圾含水率。调整垃圾含水率可采用压缩运输车挤压、控制垃圾存放时间等技术实现，更重要的是可以通过源头的管理实现分类收运来防止有机易腐垃圾的混入，从而有效减低垃圾含水率。

我国生活垃圾处理设施的服务范围不断扩大，处理能力不断提高，潜在的回收能源量也会随之增加。应分别从建设水平、工艺技术和系统管理上采取措施来提高生活垃圾处理设施的能源利用效率，从而实现生活垃圾的全过程、资源化管理，促进我国循环经济的发展和经济社会的可持续发展。从建设水平上看，可从设施总体布局、建筑节能、电气系统配套等方面不断改进；从技术上来讲，应利用现有的节能技术及新的技术创新改进生活垃圾处理设施的能源回收利用系统；从系统管理上来看，不仅应从政策上对相关技术的改进和创新进行扶持和鼓励，还应加强力度实现生活垃圾管理在源头减量、废品回收和垃圾转化利用层面上的资源和能源回收利用，从而为垃圾能源回用和剩余垃圾填埋层面的能源回用做好基础和铺垫。

第4章 全面提高城市生活垃圾处理能力和水平

4.1 强化规划引导

【原文】

（七）强化规划引导。要抓紧编制全国和各省（区、市）“十二五”生活垃圾处理设施建设规划，推进城市生活垃圾处理设施一体化建设和网络化发展，基本实现县县建有生活垃圾处理设施。各城市要编制生活垃圾处理设施规划，统筹安排城市生活垃圾收集、处置设施的布局、用地和规模，并纳入土地利用总体规划、城市总体规划和近期建设规划。编制城市生活垃圾处理设施规划，应当广泛征求公众意见，健全设施周边居民诉求表达机制。生活垃圾处理设施用地纳入城市黄线保护范围，禁止擅自占用或者改变用途，同时要严格控制设施周边的开发建设活动。

【解读】

1. 规划体系

环境卫生规划是以城市环境为主体，在一定期限内期望达到一定的环境卫生目标，为指导和调整城市环境的社会活动而制订的环卫行业发展方案。其实施主体主要是各级政府部门，也包括企业和团体等，根本任务是通过规划并实施，达到城市环境的最优化，从而改善人居环境，促进经济发展和社会进步。

环境卫生就管理对象而言，包括城乡公共环境保洁，生活固体废物管理与处置，城镇市容市貌和村容村貌管理等。对于行业部门来说，环境卫生规划主要针对城乡生活固体废物管理与处置、保洁、环卫公共设施等方面进行部署和安排。

所谓环境卫生规划体系，就是在规划体系的辐射下，从不同角度表述环卫规划内容而组成的相互衔接、相互影响的环卫各系统的有机结合体。

根据我国环卫规划现状及发展分析，我国环卫规划体系一般由环卫行业发展规划和城镇环卫专项规划组成，其中城镇环卫专项规划又分为总体规划和详细规划。

2. 规划作用和主要任务

(1) 环卫行业发展规划的作用和主要任务

环卫行业发展规划是一个国家或地区比较全面的、综合性的环卫行业发展的宏观总体概念，是环卫行业主管部门以文件形式对其未来环卫行业发展所做的指导性安排和总体性谋划以及组织实施、跟踪、检查、调整、评价的总体要求，体现了政府对环卫行业中长期发展的战略要求、指导思想、奋斗目标、主要任务以及政策导向，是发展的蓝图和行动的纲领。

环卫行业发展规划的主要任务：根据区域社会经济发展需求和人口规模、环境保护目标等，合理预测固废产生量、城镇保洁量、环卫公共设施需求等环卫发展需求，综合确定固废收运处置、城镇保洁、环卫公共设施配置等的目标和控制指标；提出环卫行业发展战略和政策导向，以满足区域内全体居民的环境卫生服务需求为目标，对环卫基础设施、设备、人员和经费等环卫资源实行统筹规划、合理配置；构建科学、规范、有序的环卫管理体系；合理确定分阶段发展目标、主要任务，以及在不同规划期的滚动实施策略。

(2)《“十二五”全国城镇生活垃圾无害化处理设施建设规划》

该规划由发展改革委、住房城乡建设部等编制，经国务院批准，国务院办公厅印发。规划立足我国城镇生活垃圾处理设施建设工作现状及发展预测，通过规划安排主要工作任务，提高我国城镇生活垃圾无害化处理水平，改善人居环境。

该规划的范围包括全国所有设市城市、县城（港澳台地区除外），并通过以城带乡、设施共享等多种方式服务于常住人口3万人以上的建制镇。

规划主要阐明了“十二五”时期全国城镇生活垃圾无害化处理设施建设的目标、主要任务和保障措施，明确政府工作重点，是落实《中华人民共和国国民经济和社会发展第十二个五年规划纲要》和《国务院批转住房城乡建设部等部门关于进一步加强城市生活垃圾处理工作意见的通知》的重要支撑，是指导各地加快生活垃圾无害化处理设施建设和安排投资的重要依据。

（3）环卫专项规划的作用和主要任务

环卫专项规划是城市规划、镇规划（以及特定区域规划）配套的公用设施专项规划的一项重要内容，是在环卫行业发展规划基础上，对城市规划、镇规划（以及特定区域规划）在专项内容上的深化和补充，提出对城镇环卫发展目标、设施规模和总体布局的调整意见和建议。

环卫专项规划的主要任务：根据城镇发展目标和布局，确定城镇环卫设施配置标准和固废收运、处理方式；确定主要环卫设施的规模和布局；布置垃圾处理场等各种环卫设施，制定环卫设施的隔离与防护措施；提出垃圾回收利用的对策与措施。

4.2 完善收运网络

【原文】

（八）完善收运网络。建立与垃圾分类、资源化利用以及无害化处理相衔接的生活垃圾收运网络，加大生活垃圾收集力度，扩大收集覆盖面。推广密闭、环保、高效的生活垃圾收集、中转和运输系统，逐步淘汰敞开式收运方式。要对现有生活垃圾收运设施实施升级改造，推广压缩式收运设备，解决垃圾收集、中转和运输过程中的脏、臭、噪声和遗洒等问题。研究运用物联网技术，探索线路优化、成本合理、高效环保的收运新模式。

【解读】

1. 收运体系建设

收运体系服务的对象为生活垃圾，收运体系服务区域主要为市区，有条件的逐步扩大到城乡结合部和乡村。

收运体系服务的作业环节包括将垃圾从收集点收集至运往末端垃圾处理处置设施之间的整个过程。通常包括：垃圾收集站（点）装车、收集车清运、中转作业、转运车运输等环节。

我国城市生活垃圾收运体系受垃圾成分、地域、经济能力、环保要求的影响而呈现出不同的收运模式，详见图 4-1。

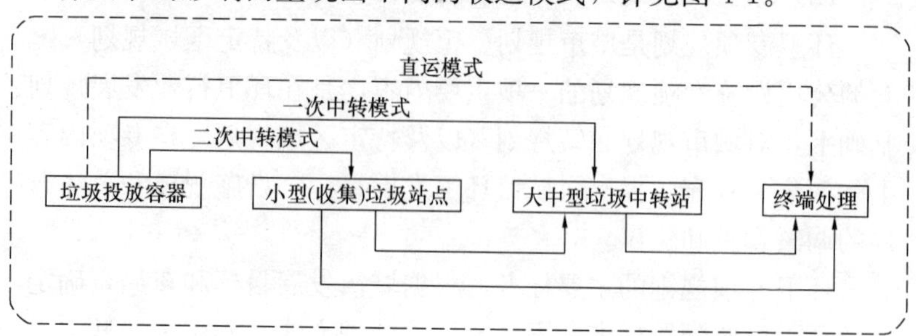

图 4-1 城市生活垃圾收运模式

一些城市在收运体系建设中，以收运作业装备及设施为载体，结合 IC、RFID 等识别技术，运用 GIS、WebGIS、GPS 等计算机技术，逐步实现了生活垃圾收运过程信息化管理。

垃圾减量化、资源化的最有效途径是从垃圾源头实施分类投放，分类收集与运输，最后分类处理。

随着城市化进程加快，城市建成区面积不断扩大，城乡结合部垃圾收运模式逐渐向中心区靠拢，这些区域可以纳入城区收运体系。对于城郊区县，一般都有自己的垃圾处理设施，为扩大垃圾收运覆盖面，可以采用“村收集、镇转运、区县处理”的模式，实现垃圾收运全覆盖。同时，需要健全收运体系的管理体制、明确职责、配套相应政策、落实建设和运营经费。

2. 收运装备介绍

垃圾收集点的装备包括垃圾袋、垃圾桶、垃圾箱、垃圾房，袋装化和桶装化是优化收运体系的前提。

垃圾运输车包括敞开式运输车、侧装式运输车、后装式压缩运输车和机箱一体式运输车等，随着社会对环保性要求日益加强，压缩式运输车和机箱一体式运输车应用越来越广。

中转站包括大、中、小型，因压缩形式不同而分为垂直式、水平式、斜置式、地埋式等，同时也分固定式和移动式，由于模式不同，选用的类别亦不同、且各有优劣势，所以站的应用呈现出因城而异、各具特色的态势，为提高生活垃圾运输效率和运输经济性，集装化的生活垃圾转运站在我国城市得到较快的推广和应用。

气力垃圾管道收集系统是在全密封真空的管道环境中使用空气作为动力，将垃圾输送到中央收集站，实施气、固分离处理后，垃圾被压缩并运至垃圾处理厂（场），国内在天津市滨海新区、上海市松江区、广东省广州市、上海世博园区内等地建设了气力垃圾管道收集系统。目前国内气力垃圾管道收集系统主要采用国外成熟的技术或设备。

每个城市生活垃圾收运系统的基本作业所应用的技术是该城市在当时经济条件、科学技术水平和对环境、对居住质量的认识等的综合体现。一个较为理想的城市生活垃圾收运系统的运行，应能促进该城市经济、社会和环境的持续、协调发展，因此系统所应用的技术应是管理顺畅、环保达标和安全可靠的技术；是与该城市的垃圾最终处置方式相适应的、协调的，并且系统内部接口协调，运行协调，应对意外能力强的技术；又是运行成本低、经济性好的技术。

3. 收运模式选择

长期以来我国的垃圾收运都是建立在混合收集的基础上，因此对混合收集的垃圾收运模式有一定的实践经验，而我国的垃圾分类收集处于起步阶段，目前在北京、上海、广州、深圳等少数几个经济发达的大城市进行了垃圾分类收集的试点，分类收集的收运模式也是借鉴国外较常见的垃圾收运模式。

目前应用的垃圾收运模式有 6 种。一是桶车直运：集中放置、定点清运、桶车对接、一次直运。二是以车代站：集中放置、定时清运、车车对接、一次转运。三是机箱一体式：移动放置、压缩集中、厢车对接、一次转运。四是一次转运，分散收集，集中转运（适用运输距离＜30km 的区域）。五是二次转运（适用运输距离≥30km 的区域）：集中放置、定点清运、小站收集、大站转运。六为城乡结合式。

收运模式的选择主要考虑处置设施选址、收集强度、运输距离、环境影响、系统接口和交通影响 6 个因素。在影响垃圾收运模式的因素中，收集强度和运输距离是主要因素。而交通影响、环境影响、系统接口等为次要因素。

因地制宜、科学规划应用不同的收运模式，以环保经济和高效收运为要素，将合适的车辆设备应用到合适的区域，综合考虑区域垃圾清运量、清运节点、频次和时间、交通现状等因素，同时物流规划收运线路、合理测算运营费用，打造无缝隙全覆盖的垃圾收运系统，以达到全体系建设、全区域覆盖、全系统管理、全方位提升。

4.3 选择适用技术

【原文】

（九）选择适用技术。建立生活垃圾处理技术评估制度，新的生活垃圾处理技术经评估后方可推广使用。城市人民政府要按照生活垃圾处理技术指南，因地制宜地选择先进适用、符合节约集约用地要求的无害化生活垃圾处理技术。土地资源紧缺、人口密度高的城市要优先采用焚烧处理技术，生活垃圾管理水平较高的城市可采用生物处理技术，土地资源和污染控制条件较好的城市可采用填埋处理技术。鼓励有条件的城市集成多种处理技术，统筹解决生活垃圾处理问题。

【解读】

1. 建立评估制度的必要性

由于我国经济实力和技术储备的增强，各种生活垃圾处理处置技术在我国得到了不同程度、不同范围的研究和应用。随着各类新技术的不断涌现，在推动我国生活垃圾处理技术迅速发展的同时，也将带来各种生活垃圾处理技术水平参差不齐或新技术不符合社会经济发展规律等问题，因此建立生活垃圾处理技术评估制度尤为重要。建立科学的生活垃圾处理技术评估制度是推动生活垃圾处理技术持续健康发展，提高科学技术管理水平的重要手段和保障。

2. 生活垃圾处理技术政策和指南

2000年，建设部、环保总局、科技部发布《城市生活垃圾处理及污染防治技术政策》，该技术政策提出“卫生填埋、焚烧、堆肥、回收利用等垃圾处理技术及设备都有相应的适用条件，在坚持因地制宜、技术可行、设备可靠、适度规模、综合治理和利用的原则下，可以合理选择其中之一或适当组合。在具备卫生填埋场地资源和自然条件适宜的城市，以卫生填埋作为垃圾处理的基本方案；在具备经济条件，垃圾热值条件和缺乏卫生填埋场地资源的城市，可发展焚烧处理技术；积极发展适宜的生物处理技术，鼓励采用综合处理方式。禁止垃圾随意倾倒和无控制堆放。”

2010年，住房城乡建设部、发展改革委、环境保护部印发《生活垃圾处理技术指南》，该指南中提出“应结合当地的人口聚集程度、土地资源状况、经济发展水平、生活垃圾成分和性质等情况，因地制宜地选择生活垃圾处理技术路线，并应满足选址合理、规模适度、技术可行、设备可靠和可持续发展等方面的要求。”

3. 生活垃圾无害化处理技术的选择原则

（1）影响生活垃圾处理技术选择的因素

1）自然环境

降雨量和蒸发量，对垃圾性状和不同处理技术的使用状态、资金投入和处理效果具有重要影响。降雨量少、年蒸发量大地区使用卫生填埋技术，较降雨量大、年蒸发量小地区在运行管理、经济性和无害化效果方面均具有明显的优势。

2）土地资源与人口

是否具有丰富的土地资源，是选择生活垃圾处理技术需要考虑的重要因素之一，土地资源紧缺地区在启动耗费土地资源技术项目时面临的最大困难经常是缺少建设用地。

我国东南部与西北部人口密度差距极大，在西北部的广大地区人口密度很低，人均拥有土地资源非常丰富，而东南部地区人口密度大，土地资源严重短缺。

3）区域垃圾理化特性

依据生活垃圾理化特性选择适宜的处理技术，是经济、有效、有序开展垃圾治理工作的重要环节。城市生活垃圾的构成主要受地理条件、生活习惯、居民生活水平和民用燃料结构的影响，在我国主要有以下几个特点：

①燃煤区生活垃圾中的无机组分明显高于燃气区，而燃气区生活垃圾中的有机组分和可回收废品的比例明显高于燃煤区。

②特大、大城市的生活垃圾中可回收成分较多，小城市的生活垃圾中厨余成分含量相对较多。

③特大、大城市的生活垃圾中的有机成分比例要高于小城市。

④南方城市中的有机物含量要高于北方城市。

（2）生活垃圾处理技术选择

生活垃圾处理技术的选择应结合当地社会经济发展目标和需求，综合考虑地区差异、人口聚集程度、土地资源状况、经济发展水平、生活垃圾成分和性质、污染治理现状、国民素质等因素，因地制宜选择先进适用、符合节约集约用地要求的无害化生活垃圾处理技术，并按“东中西、大中小”等，合理安排设施布局。

生活垃圾处理技术路线应以“减少生活垃圾填埋量，节省土地资源”为基本原则。通过生活垃圾源头分类收集、废品回收与资源化利用、垃圾焚烧与余热利用等措施控制和减少生活垃圾填埋量和填埋污染。

土地资源紧缺、人口密度高的城市要优先采用焚烧处理技术。土地资源和污染控制条件较好的城市可采用填埋处理技术。生活垃圾管理水平较高的城市可采用生物处理技术。鼓励有条件的城市集成多种处理技术，统筹解决生活垃圾处理问题。

生活垃圾处理技术的选择，应该结合不同地区的经济发展情况，选择符合我国城市生活垃圾处理技术政策要求的技术路线，技术选择应满足先进性、成熟性、稳定性和可持续发展性等几个方面。

对于经济较发达地区，可选择垃圾减量化、资源化水平高的先进技术和设备，同时可采用多种技术有机组合，并对处理设施的污染物排放进行严格控制；对于经济发展水平一般的地区，可选用适合地区特点与经济发展水平的处理技术和设备，满足我国生活垃圾处理设施建设标准，同时处理设施污染物的排放应符合环境保护的要求；对于经济欠发达的地区，仍以填埋处理技术为主，但渗沥液的处理与排放应达到国家有关标准的要求。

总之，生活垃圾处理技术的选择应首先考虑该技术的先进性、成熟性、稳定性和可持续发展性几个方面的因素。同时应该结合该地区的经济发展情况，选择相对适宜的可靠的符合环保要求的技术。在经济较发达地区可选择先进的甚至是较超前的生活垃圾处理技术，这样不但可以提高生活垃圾资源化的程度，还可以为垃圾处理技术的发展提供好的、可以为其他地方借鉴的经验。

作为生活垃圾的最终处置方式的卫生填埋处理技术和设施是每个地区所必须具备的保证手段；焚烧处理可有效实现生活垃圾的减容、减量、资源化，经济条件较好的地区，特别是土地资源短缺严重或是水源地等选址难的地区，应加大发展力度；以产出肥料为目的的生化处理工艺应谨慎发展，新增比例不宜过高。

(3) 生活垃圾处理设施建设原则

对于没有卫生填埋场的城市应优先建设卫生填埋场，并合理规划使用年限，以10～15年为宜。

对于已有卫生填埋场但不完善的城市，应优先完善卫生填埋场，一方面要加强配套渗沥液处理设施建设；另一方面要加强原有垃圾堆填场的治理。

对于目前生活垃圾量超过500t/d的城市，在具有卫生填埋场的前提下，可在热值和经济条件允许时，积极采用清洁焚烧技术，实现垃圾减量和能源回用，并加强监管。

中小城市和县城原则上以卫生填埋为主，在特定条件下，可因地制宜采用其他垃圾处理方式。

4. 生活垃圾处理技术及其适用性分析

(1) 焚烧处理技术及其适用性分析

焚烧处理是一种对城市生活垃圾进行高温热化学处理的技术。将生活垃圾送入过量空气系数大于1和温度为800～1000℃的炉膛内燃烧，城市生活垃圾中的可燃组分与空气中的氧气进行剧烈的化学反应，释放出热量并转化为高温的燃烧气体和少量的性质稳定的固体残渣，当生活垃圾有足够的热值时，生活垃圾能靠自身的能量维持自燃，而不用提供辅助燃料。垃圾燃烧产生的高温燃烧气体可作为热能回收利用，性质稳定的残渣可直接填埋处理，各种恶臭气体得到高温分解，因此采用焚烧工艺处理垃圾能以最快的速度实现无害化、稳定化、资源化和减量化的最终目标。在工业发达的国家被广泛采用。

目前世界各地应用的垃圾焚烧炉达到200多种，但应用广泛、具有代表性的垃圾焚烧炉技术主要有四大类，即：炉排型焚烧炉技术、流化床焚烧炉（包括 RDF 焚烧炉）技术、回转窑焚烧炉技术、垃圾热解气化焚烧炉技术。以上 4 种焚烧炉技术在我国生活垃圾处理中均有应用，但主要以机械炉排焚烧炉技术和循环流化床技术为主。

在土地资源紧缺、人口密度高的城市要优先采用焚烧处理技术。采用机械炉排技术的垃圾焚烧厂多分布在东部沿海地区，尤其是省会和副省级城市。在机械炉排焚烧厂中，引进技术和关键设备的占 64%，引进技术国内制造的占 15%，使用国产炉排的占 21%。由于中西部地区煤炭资源丰富，垃圾补贴费较低，采用循环流化床技术的垃圾焚烧厂主要分布在东部地区地级市和中西部地区。

近几年垃圾焚烧处理技术在我国得到了快速发展，我国的焚烧发电厂成套能力已经达到发达国家水平。根据历年的《中国城市建设统计年鉴》，我国的垃圾焚烧设施的数量逐年增加，且在垃圾无害化处理设施中的比例也在不断增加。由于焚烧厂选址难度增大，以及投资商所关心的规模效益，大城市建设的垃圾焚烧电厂处理规模不断增大，在建的最大规模已达 5000t/d。但是，小城镇建设的垃圾焚烧厂规模一般在 100～300t/d 左右。

20 世纪 90 年代以后，我国不断从欧洲和日本引进先进成熟的机械炉排炉技术和设备，经过短期的消化吸收、实现了国产化，并在此基础上再创新，开发出具有自主知识产权的焚烧炉技术，建成了一大批现代化的垃圾焚烧发电厂，如上海御桥、上海江桥、天津双港、广州李坑等垃圾焚烧发电厂。这些大型现代化垃圾焚烧厂配置有较好的烟气处理系统，排放烟气中的污染物一般严于现行的国家标准，大部分垃圾焚烧发电厂二噁英的排放浓度能达到欧盟Ⅱ标准的要求。

在经济条件许可的前提下，焚烧设施建设应努力采用国际最先进的垃圾焚烧处理技术、垃圾焚烧污染控制技术、垃圾热能高效发电技术、垃圾资源高效回收技术、工艺设备可靠性技术，配置双道路、双给排水、双供配电上网回路、三通讯通道，实施最严格的安全监管、环保指标监管、焚烧运行指标监管、资源综合利用和节能减排指标体系监管，确保设施安全、环保、平稳、经济、可靠、高效运行，为社会提供优质全面的垃圾处理服务。

（2）填埋处理技术及其适用性分析

垃圾填埋技术具有技术成熟、投资较低、工艺简单、管理方便、适用范围广、维护费用低等优点，一直是我国生活垃圾的主要处置方式。根据我国经济技术水平和生活垃圾组成状况可以预见，在今后相当长一段时期，我国生活垃圾处置仍将以填埋为主。

卫生填埋是从传统简易填埋发展起来的一种最终生活垃圾处理技术，是根据生活垃圾自然降解机理和对生态环境影响特性，采取有效的工程措施和严格的管理手段，控制生活垃圾不对周围环境造成污染的综合性科学工程技术方法。卫生填埋场首先需要科学的选址和合理的规划设计；其次是要按严格的作业规范运作管理；最后封场后仍要维护和监测，直至填埋场所释放出来的气体和渗滤液达到排放标准，不对周围环境造成污染为止。

自 20 世纪 80 年代末以来，全国各主要城市大多都建设了卫生填埋场。在这些卫生填埋场中，有较完善的防渗系统、渗沥液收集和处理系统、填埋气体导排系统、洪水导排系统等。部分地区的垃圾卫生填埋场，还采用了进口的高密度聚乙烯衬层，达到了较高的标准。

在此期间，填埋气体利用技术得到了显著发展。1998 年杭州天子岭生活垃圾填埋场利用外资，引进技术，建起了我国第一个填埋气体发电厂。同年年底，广州大田山填埋场利用外资建成了国内第二个填埋气体发电厂。2002 年 11 月，国家计委、国家环保总局、国家经贸委、财政部、建设部、科技部等共同编写的《中国城市垃圾填埋气体收集利用国家行动方案》出台，为垃圾填埋气体收集发电项目给予政策支持。此后南京、鞍山、马鞍山等地区相继建立了埋场气体发电项目，并发电投产。

生活垃圾填埋工艺的发展几经变化，目前应用研究中填埋技术主要有：厌氧填埋、改良型厌氧卫生填埋、准好氧卫生填埋、好氧填埋以及生态填埋。填埋工艺不同，处理垃圾的降解和稳定化过程有所差异。

在相当长的一段时间内，垃圾卫生填埋处理仍然是我国大多数城市解决垃圾出路的最主要方法。对于绝大多数城市，目前还应首先建设垃圾卫生填埋场，先解决垃圾消纳和无害化处理的问题，然后在有能力的条件下再考虑提高处理和利用水平。在中国的中西部地区，由于经济不太发达，人口密度相对小，因此在这些地区应优先选择卫生填埋方法。

在经济发达地区，同时也是对环境要求高的地区，可以建设环保标准高的填埋场，这种类型的填埋场不但要有很好的防渗措施，同时还必须具备很强的“二次污染”防治技术，有科学、环保、规范的运营管理，对周边环境有足够的补偿作用，并具备处置场的资源再开发、再利用的能力。在加强对生活垃圾进行中间处理的情况下，减少对原生生活垃圾的填埋量。

在经济一般的地区，所建设的卫生填埋场首先应该满足我国的生活垃圾卫生填埋场建设标准，同时“二次污染”的控制应符合当地环保的要求，能按照卫生填埋的作业要求进行生活垃圾的填埋作业，终场时有较安全的环保工程措施。

在经济欠发达的地区，所建的卫生填埋场应该尽量因地制宜地节省投资，至少应满足卫生填埋场建设的最低标准。作业过程中，能有效地减少对周边环境的污染影响，尤其是对周围水源的污染影响。

(3) 生物处理技术及其适用性分析

生活垃圾生物处理技术主要对生活垃圾进行好氧处理和厌氧消化。

在缺氧环境下进行的厌氧消化已经证明特别适合含水率高、易于降解的垃圾。因此，它是好氧堆肥的补充（好氧堆肥经常遇到的问题是把堆肥效果很差的垃圾暴露于空气中）。厌氧消化要求具备良好的加热条件。而好氧堆肥释放出大量热量，是一种自我供热的处理方式。

最适合于厌氧消化或好氧处理的垃圾种类列于图 4-2。这种分类仅适用于混合垃圾的主要成分。

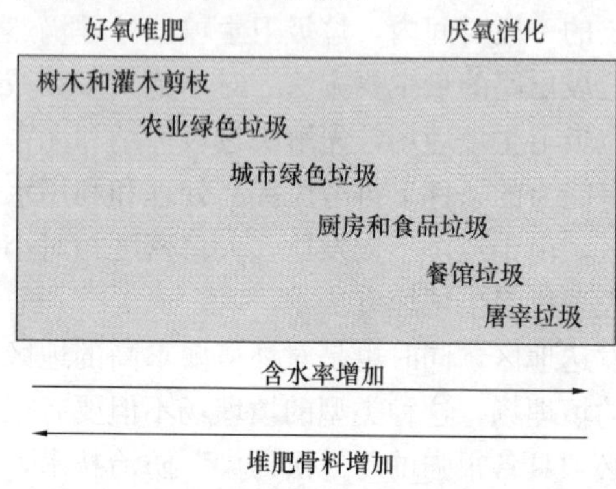

图 4-2　好氧/厌氧处理方式的适合情况

好氧堆肥处理技术的方法优点是处理方法简单、成品中能较多的保留氮，运行成本较低。好氧堆肥的局限性表现在：①杀菌不彻底；②用于处理餐厨垃圾时，由于垃圾黏度大、分散性差、油脂含量高，结构上容易压实结球，导致水分和热量扩散条件恶化，阻碍了氧气的渗透以及微生物与有机质的接触，不利于有机物降解，所以通常需要添加填料；③高含盐量和高油脂含量可能影响堆肥产品品质；鱼肉等高蛋白质会加剧臭气问题；④需用场地大、处理周期长。厌氧消化可以从垃圾中的有机物回收能源物质，是目前较具吸引力的有机垃圾处理技术之一。而且除了回收甲烷，目前利用餐厨垃圾厌氧发酵产氢的技术也逐渐受到重视。

堆肥处理是我国城市垃圾处理使用最早也是在早期阶段使用最多的方式。堆肥处理主要采用低成本堆肥系统，大部分垃圾堆肥处理场采用敞开式静态堆肥。“七五”和“八五”期间，我国相继开展了机械化程度较高的动态高温堆肥研究和开发，并取得了积极成果。20 世纪 90 年代中期先后建成的动态堆肥场典型工程如常州市环境卫生综合厂和北京南宫堆肥厂。我国的城市垃圾堆肥处理正在经历停滞甚至萎缩的历程。近10年来，堆肥处理能力不仅没有增加，反而有所下降。制约堆肥处理发展的主要因素是如何提高堆肥质量。由于我国垃圾堆肥基本为混合的城市生活垃圾堆肥，通过预分选处理理论上可以将厨余类有机物分选出来进行堆肥处理，但实际上此举一方面增加运行成本，另一方面堆肥产品的质量也难以得到保证，此外单纯的厨余类有机物由于水分高，需要添加骨料才适宜进行堆肥处理。因此实践证明，混合垃圾直接堆肥处理，难以达到预期效果。但是，随着我国可降解有机垃圾的单独收集或分类收集，好氧堆肥有可能重新兴起，我国厌氧消化技术的国产化进程也有所加快。

在经济发达的地区建设生活垃圾生化处理厂，应谨慎考虑采取高温好氧堆肥的方式，如果要采取高温堆肥，必须以有畅通的堆肥销路和市场以及能严格控制堆肥所产生的臭气为主要前提。同时建议，在生活垃圾分类收集还没有普及的地区和城市，不宜采用高温堆肥的方式来作为主要的生活垃圾处理手段。

在生活垃圾分类收集较好的城市，同时在堆肥产品销路好的前提下，可以采用堆肥的方式对生活垃圾进行资源化和减量化的处理，但应该对处理过程中所产生的“二次污染”作必要的控制。

在我国的管理体制下，生活垃圾干湿分类成为一种重要选择。其中湿垃圾主要是可降解有机垃圾，适合于采用生物处理方式。目前我国在餐厨垃圾单独收集处理方面已经有了较大突破，涌现出一批专业从事餐厨垃圾处理的技术和企业。全国有二三十个城市出台了餐厨垃圾管理办法，并建设了餐厨垃圾处理设施。

(4) 综合处理技术及其适用性分析

随着我国经济实力和技术储备的增强，混合垃圾处理处置技术在我国得以应用，很多经济发达地区已经建立了现代化填埋场、机械化堆肥厂和焚烧厂等多种处理设施。但每种混合垃圾处理技术均具有各自的优势和局限性，仅仅适宜处理混合垃圾中的某些组分，这种单一的处理模式不仅难以满足混合垃圾“无害化、减量化、资源化”的处理要求，而且处理设施运行效果差，前处理和二次污染控制技术复杂，处理费用高。

为了解决这种单一处理方式的不足，混合垃圾需要采取综合处理方式。所谓综合处理，就是将多种混合垃圾处理处置技术以适当的方式有机地结合在一起，形成完整的处理系统，每种处理技术或设施仅处理适宜的混合垃圾组分，从而改善混合垃圾处理的效果，降低混合垃圾处理的费用和处理难度。

综合处理是建立在垃圾有效分选之上的。源头分类收集是最理想的，有利于回收物质的再利用，但由于现阶段我国社会条件的制约，还不可能真正做到源头分类收集，在这种情况下，可建设垃圾分选中转站，并进行垃圾分选，玻璃、纸板、金属等利用价值较高的物品被回收利用而有机残余物进行堆肥处理，其他易燃物质被焚烧回收能量，焚烧和堆肥的残余物进行填埋处理。综合处理工艺原理如图 4-3 所示。

由于生活垃圾综合处理是由单一处理发展而成，它不仅集中了填埋、堆肥、焚烧的优点而有机结合，同时也解决了单一处理的缺点。采用综合处理后，可腐有机物和可燃有机物都得到了利用，故填埋物的量很小，只占总体积的 15%～20%，填埋物主要为砖头、瓦砾等无机垃圾，不会带来严重的二次污染。这样就解决填埋造成的资源回收利用差，渗沥液处理难和占用大量土地等缺点。同样，单一的堆肥只能处理垃圾中易腐有机物，其他垃圾得不到处理，加上传统的堆肥过于粗糙，用量也过大，在销售和运输上有较大困难，以致造成费用较高。

目前，各级政府对环卫处理设施的重视程度越来越高，政府对环卫处理设施的扶持力度在不断加大，对混合垃圾处理要求在不断提高，对不同的混合垃圾处理工艺的选择也更具针对性，意味着对混合垃圾分选要求也更加严格。混合垃圾处理在遵循“无害化”、“减量化”、“资源化”处理要求的基础上，进一步融入了生态、循环、可持续发展的处理理念。

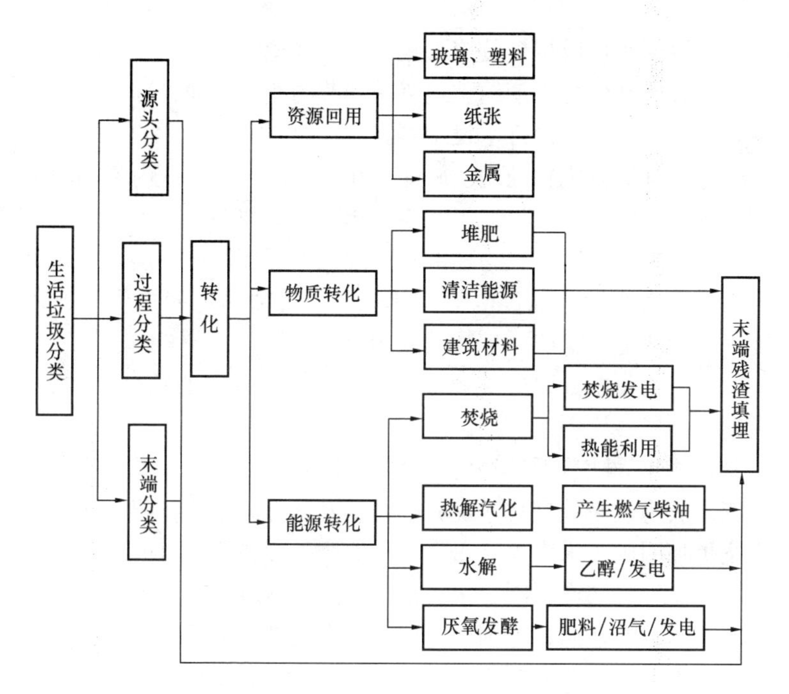

图 4-3　生活垃圾综合处理体系的技术框架

循环经济本质上是一种生态经济，它要求运用生态学规律而不是机械论规律来指导人类社会的经济活动。循环经济倡导的是一种与环境和谐的经济发展模式。它要求把经济活动组织成一个“资源—产品—再生资源”的反馈式流程，其特征是低开采、高利用、低排放。所有的物质和能源要能在这个不断进行的经济循环中得到合理和持久的利用。

发展循环经济，可实现经济增长速度与结构、质量、效益相统一，是落实科学发展观的有效途径。落实节约资源和保护环境基本国策，建设低投入、高产出，低消耗、少排放，能循环、可持续的国民经济体系和资源节约型、环境友好型社会。其中，各种城市固体废物的综合处理和资源利用是重要组成部分。

因此，各种城市固体废物的处理设施适宜于集中布置，建设循环经济产业园的其优势在于：

①以便于形成规模效应，集中控制环境污染。

②设施共建可以节约土地资源和节约能源。如管理设施、道路、变配电设施、给排水设施等。

③各种固体废物处理设施间存在物质运输。园区内不同的处理设施之间的物料应根据工艺要求相互流动和循环。

④一些资源回用设施还能够实现能量循环，如焚烧发电厂可以为附近其他设施提供电能或热能，沼气利用也能提供生物质能。实现热能、电能、生物质能的综合利用。

⑤废物集中处置形成规模后，能够具有一定的社会影响力，有助于拓展融资渠道。

近些年，随着循环经济理念的不断发展，静脉园模式因其优势突出成为垃圾处理技术优先选择的发展方向，选择园区化解决方案更加明确了未来大城市（群）固废处理趋势。目前已有北京朝阳区循环经济产业园、中山市中心组团垃圾综合处理基地、上海老港静脉产业园、深圳市环境园、青岛新天地静脉产业园、苏州市光大环保产业园等近20个已建或在建的垃圾综合处理基地，并随着城市化进程的深入，已经从大型城市（群）向全国推广。

4.4 加快设施建设

【原文】

（十）加快设施建设。城市人民政府要把生活垃圾处理设施作为基础设施建设的重点，切实加大组织协调力度，确保有关设施建设顺利进行。要简化程序，加快生活垃圾处理设施立项、建设用地、环境影响评价、可行性研究、初步设计等环节的审批速度。已经开工建设的项目要抓紧施工，保证进度，争取早日发挥效用。要进一步加强监管，切实落实项目法人制、招投标制、质量监督制、合同管理制、工程监理制、工程竣工验收制等管理制度，确保工程质量安全。

【解读】

1. 加大组织协调力度，加快推进生活垃圾处理设施建设

城市生活垃圾处理是一项长期而艰巨的任务，涉及政府和城市管理的诸多方面，需要相关部门紧密配合，共同参与，齐抓共管，才能更好地完成目标任务。城市生活垃圾处理工作实行省（区、市）人民政府负总责、城市人民政府抓落实的工作责任制。城市生活垃圾处理设施建设，应符合可持续发展战略，与城市的经济和社会发展水平相适应。地方各级政府应将城市生活垃圾处理建设纳入当地的国民经济和社会发展计划和政府工作目标，分阶段、分年度组织实施。

地方各级政府应建立和完善城市生活垃圾处理协调推进机制，明确规划、建设、环卫、环保、国土等相关部门分工和职责任务，定期召集有关部门研究部署城市生活垃圾处理设施建设工作，深入实际检查督导，研究解决存在的困难和问题。

2. 简化审批手续，加快审批速度

城市生活垃圾处理项目不同于一般工业项目或其他项目，是城市管理和环境保护的重要内容，是社会文明程度的重要标志，关系人民群众的切身利益。要坚决贯彻、落实《国务院关于投资体制改革的决定》（国发〔2004〕20号），各级政府要按照项目性质、资金来源和事权划分，简化程序，加快立项、建设用地、环境影响评价、可行性研究、初步设计等环节的审批速度，切实推进生活垃圾处理设施建设。

各地政府应完善政府审批体制，规范政府审批行为，按照“谁投资、谁决策、谁收益、谁承担风险”的原则，改革政府对企业投资的管理制度，提高投资决策的科学化、民主化水平，拓宽项目融资渠道，发展多种融资方式。

对已经批准开工建设的城市生活垃圾处理项目，地方各级政府要采取切实保障措施，及时协调解决建设过程中产生的各类矛

盾和困难，推进城市生活垃圾处理项目建设，保证进度，争取早日发挥项目效用。任何组织和个人不得违法阻扰项目的正常合法建设。

3. 强化监督管理，确保质量安全

要建立城市生活垃圾处理设施工程质量行政领导人责任制，建立项目法人责任制，建立参建单位工程质量领导人责任制，建立工程质量终身负责制，切实落实项目法人制、招投标制、质量监督制、合同管理制、工程监理制、工程竣工验收制等管理制度，确保工程质量安全。

（1）项目法人制

根据《国务院办公厅关于加强基础设施工程质量管理的通知》（国办发〔1999〕16号），生活垃圾处理项目建设单位应实行建设项目法人责任制，由项目法定代表人对工程质量负总责，负责项目的投资、进度和质量安全控制，履行项目建设管理的权利和义务，承担监督管理的第一责任。

（2）项目招标制度

生活垃圾处理设施作为城市基础设施、公用事业项目，其勘察设计、施工、监理和主要设备、材料采购都要实行公开招标，确需采取邀请招标和议标形式的，要经过项目主管部门或主管地区政府批准。招标投标活动要严格按照国家有关规定进行，体现公开、公平、公正和择优、诚信的原则。对未按规定进行公开招标、未经批准擅自采取邀请招标和议标形式的，有关地方和部门不得批准开工。建设单位要合理划分标段、合理确定工期、合理标价定标。中标单位签订承包合同后，严禁进行转包。总承包单位如进行分包，除总承包合同中有约定的外，必须经发包单位认可，但主体结构不得分包。禁止分包单位将其承包的工程再分包。严禁任何单位和个人以任何名义、任何形式干预正当的招标投标活动。

(3) 质量监督

根据国务院《建设工程质量管理条例》(国务院第279号令)的要求，生活垃圾处理设施建设单位、勘察和设计单位、施工单位、工程监理单位应当承担各自的质量责任和义务。

(4) 合同管理制

生活垃圾处理设施的建设单位必须全面实行合同管理制。建设工程的勘察设计、施工、设备材料采购和工程监理都要依法订立合同。各类合同都要有明确的质量要求、履约担保和违约处罚条款。违约方要承担相应的法律责任。同时，强化对合同履行的监管，遏制转包、挂靠和违法分包。

(5) 竣工验收制度

项目建成后必须按国家有关规定进行严格的竣工验收，由验收人员签字负责。项目竣工验收合格后，方可交付使用。对未经验收或验收不合格就交付使用的，要追究项目法定代表人的责任，造成重大损失的，要追究其法律责任。

4.5 提高运行水平

【原文】

(十一) 提高运行水平。生活垃圾处理设施运营单位要严格执行各项工程技术规范和操作规程，切实提高设施运行水平。填埋设施运营单位要制定作业计划和方案，实行分区域逐层填埋作业，缩小作业面，控制设施周边的垃圾异味，防止废液渗漏和填埋气体无序排放。焚烧设施运营单位要足额使用石灰、活性炭等辅助材料，去除烟气中的酸性物质、重金属离子、二噁英等污染物，保证达标排放。新建生活垃圾焚烧设施，应安装排放自动监测系统和超标报警装置。运营单位要制定应急预案，有效应对设施故障、事故、进场垃圾量剧增等突发事件。切实加大人力财力物力的投入，解决设施设备长期超负荷运行问题，确保安全、高质量运行。建立污染物排放日常监测制度，按月向所在地住房城乡建设(市容环卫)和环境保护主管部门报告监测结果。

【解读】

在运行和维护生活垃圾处理设施运行过程中，运营单位应根据处理技术和工艺的不同，遵守相应法律、法规和技术标准，以确保处理设施能安全、正常运行，无害化处理生活垃圾，控制处理过程中的二次污染和周边环境，有效利用资源。

1. 生活垃圾填埋场运行管理

为确保生活垃圾填埋场安全、稳定、高效地运行，运营管理单位除严格遵守国家法律、法规和政策外，还应严格执行《生活垃圾卫生填埋技术规范》、《生活垃圾卫生填埋场防渗系统工程技术规范》、《生活垃圾卫生填埋场运行维护技术规程》、《生活垃圾卫生填埋封场技术规程》、《生活垃圾填埋场污染控制标准》等技术标准，并根据填埋工艺特点，制定作业计划和方案。控制填埋场周边垃圾异味、防治二次污染的关键，是做好分区域逐层填埋，把作业面控制在最小，坚持每日覆盖，有效处理垃圾渗滤液，防治填埋气体无序排放。

2. 焚烧厂运行管理

为了使焚烧厂能够有序、安全、高效地运行，运营单位运营管理单位除严格遵守国家法律、法规和政策外，还应执行《生活垃圾焚烧厂运行维护与安全技术规程》、《生活垃圾焚烧处理工程技术规范》、《生活垃圾焚烧污染控制标准》等相关技术标准，重点做好焚烧烟气污染控制工作。石灰、活性炭等是去除烟气中的酸性物质、重金属离子、二噁英等污染物的重要辅助材料，其用量是否充足，直接关系到烟气的最终处理效果。石灰、活性炭的进货、使用必须有台账，监管部门要重点检查、定量考核，确保烟气达标排放。

3. 应急预案

生活垃圾处理设施运营单位制定的应急预案，主要是针对两种情况的对策。一是处理设施内部出现重大故障、安全事故，或外部条件发生重要、显著变化，如垃圾量短期内急剧增加，外部供水、供电、道路中断等；二是发生重大自然灾害。

应急基本对策是：首先是保障工作人员和周边居民人身安全；其次是保障设备和设施安全，特别要注意防火、防爆，减少污染发生，防止污染扩散。

4. 解决设施超负荷运行

由于生活垃圾处理设施数量不足较为严重，现有处理设施普遍超负荷运行。处理设施超负荷运行犹如车辆超载，破坏了正常生产秩序，加速设备磨损，缩短设施寿命，直接影响处理效果，必须引起高度重视，并通过加快新处理设施建设来从根本上解决。

4.6 加快存量治理

【原文】

（十二）加快存量治理。各省（区、市）要开展非正规生活垃圾堆放点和不达标生活垃圾处理设施排查和环境风险评估，并制定治理计划。要优先开展水源地等重点区域生活垃圾堆放场所的生态修复工作，加快对城乡结合部等卫生死角长期积存生活垃圾的清理，限期改造不达标生活垃圾处理设施。

【解读】

1. 治理工作范围

非正规生活垃圾堆放点和不达标生活垃圾处理设施（以下统称“存量垃圾场”）。

2. 治理工作目标

按照标准规范要求，对现存非正规生活垃圾堆放点和不达标生活垃圾处理设施进行治理。对于非正规生活垃圾堆放点，要在开展评估的基础上制定治理计划，进行综合整治，优先开展水源地、城乡结合部等重点区域的治理工作。对于不达标生活垃圾处理设施进行升级改造和封场。对于渗滤液处理未达标的处理设施，尽快新建或改造渗滤液处理设施，严格控制填埋场污染物排放。对具有填埋气体收集利用价值的填埋场，开展填埋气体收集利用及再处理工作，减少甲烷等温室气体排放。对服役期满的填埋处理设施，按照相关要求进行封场。

3. 治理工作内容

各省、自治区、直辖市市容环卫行业主管部门会同有关部门组织制定本辖区工作计划并指导落实。通过开展普查，建立辖区内存量垃圾场台账。根据存量垃圾场垃圾成分、垃圾量、所处区域地形地貌、水文地质情况及周边生态环境状况等因素对存量垃圾场进行风险评估。根据普查及风险评估结果，立足实际情况、结合发展需求等因素制定存量治理计划并组织实施。国家有关部门将给予一定支持。

第5章 强化监督管理

5.1 完善法规标准

【原文】

（十三）完善法规标准。研究修订《城市市容和环境卫生管理条例》，加强生活垃圾全过程管理。建立健全生活垃圾处理标准规范体系，制定和完善生活垃圾分类、回收利用、工程验收、污染防治和评价等标准。进一步完善生活垃圾分类标识，使群众易于识别、便于投放。改进城市生活垃圾处理统计指标体系，做好与废旧商品回收利用指标体系的衔接。

【解读】

1. 完善法规体系

我国目前已初步形成了以宪法为基础，包括法律、行政法规、部门规章、规范性文件等在内的生活垃圾管理法律体系。截止到2009年5月，共发布生活垃圾相关法律、法规和政策107部（表5-1）。

我国现行生活垃圾法律法规汇总　　表5-1

序号	类别	名称	文号	实施时间	颁布单位
1	法律	环境保护法	主席令第22号	1989.12.26	全国人大常委会
2		清洁生产促进法	主席令第72号	2003.01.01	全国人大常委会
3		固体废弃物污染环境防治法	主席令第31号	2005.04.01	全国人大常委会

续表

序号	类别	名称	文号	实施时间	颁布单位
4	法律	节约能源法	主席令第17号	2008.04.01	全国人大常委会
5		循环经济促进法	主席令第4号	2009.01.01	全国人大常委会
6		可再生能源法	主席令第33号	2010.04.01	全国人大常委会
7	法规	城市市容和环境卫生管理条例	国务院令第101号	1992.8.1	国务院
8	部门规章	市政公用事业特许经营管理办法	建设部令126号	2004.5.1	建设部
9		防止船舶垃圾和沿岸固体废物污染长江水域管理规定	交通部令第17号	1998.03.01	交通部、建设部、环保总局
10		环境污染治理设施运营资质许可管理办法	国家环境保护总局令第23号	2004.11.10	环保总局
11		城市建筑垃圾管理规定	建设部令第139号	2005.06.01	建设部
12		可再生能源发电有关管理规定	发改能源〔2006〕13号	2006.01.05	发改委
13		国家鼓励的资源综合利用认定管理办法	发改环资〔2006〕1864号	2006.10.01	发改委、财政部、税务总局
14		再生资源回收管理办法	发展改革委、公安部、建设部、工商总局、环保总局2007年第8号	2007.05.01	发改委、公安部、建设部、工商总局、环保总局
15 16		城市生活垃圾管理办法	建设部第57号令	2007.07.01	建设部

续表

序号	类别	名称	文号	实施时间	颁布单位
17	规范性文件	关于《公布生活垃圾分类收集试点城市》的通知	建城环〔2000〕12号	2000.06.01	建设部城市建设司
18		关于发布《城市生活垃圾处理及污染防治技术政策》的通知	建城〔2000〕120号		国家环境保护总局、科技部、建设部
19		关于印发《关于加快市政公用行业市场化进程的意见》的通知	建城〔2002〕272号		建设部
20		关于《加强生活垃圾填埋场气体管理工作》的通知	建城函〔2002〕329号	2002.12.17	建设部
21		关于《实行生活垃圾处理收费制度促进垃圾处理产业化》的通知	计价格〔2002〕872号		国家计委、财政部、建设部、国家环境保护总局
22		关于印发《推进城市污水、垃圾处理产业化发展意见》的通知	计投资〔2002〕1591号		国家发展计划委员会、建设部、国家环境保护总局
23		关于《开展对城市生活垃圾处理厂(场)管理工作检查》的通知	建城容函〔2003〕3号		建设部城市建设司
24		关于加强城镇生活垃圾处理场站建设运营监管的意见	建城〔2004〕225号		建设部
25		关于《加强市政公用事业监管的意见》	建城〔2005〕154号		建设部

续表

序号	类别	名称	文号	实施时间	颁布单位
26	规范性文件	关于印发《可再生能源产业发展指导目录》的通知	发改能源〔2005〕2517号		建设部
27		关于印发《可再生能源发电价格和费用分摊管理试行办法》的通知	发改价格〔2006〕7号	2006.01.01	发展改革委
28		关于《开展垃圾处理收费有关情况调研》的通知	发改办价格〔2006〕1155号		发展改革委、建设部
29		关于《加强生物质发电项目环境影响评价管理工作》的通知	环发〔2006〕82号		环保总局、发改委
30		国务院办公厅关于《限制生产销售使用塑料购物袋》的通知	国办发〔2007〕72号	2008.01.01	国务院办公厅
31		关于《进一步加强生物质发电项目环境影响评价管理工作》的通知	环发〔2008〕82号		环境保护部、国家发展改革委、国家能源局
32		关于全国生活垃圾填埋场无害化处理检查情况的通报			建设部
33		关于加强垃圾处理场安全作业的通知	建办城〔2007〕37号	2007.07.13	建设部
34		全国城市生活垃圾无害化处理设施建设“十一五”规划			发展改革委
35		地震灾区建筑垃圾处理技术导则	建科〔2008〕99号	2008.05.30	住房城乡建设部

续表

序号	类别	名称	文号	实施时间	颁布单位
36	规范性文件	全国城镇生活垃圾处理信息报告、核查和评估办法	建城〔2009〕26号	2009.02.24	住房城乡建设部
37		关于全国第二次生活垃圾填埋场无害化等级评定情况的通报		2009.10.06	住房城乡建设部
38		关于印发《生活垃圾处理技术指南》的通知	建城〔2010〕61号	2010.04.22	住房城乡建设部
39		关于进一步加强城市生活垃圾处理工作意见的通知	国发〔2011〕9号	2011.04.19	国务院
40		关于进一步保障环卫行业职工合法权益的意见	建城〔2012〕73号		住房城乡建设部
41		国务院办公厅关于印发“十二五”全国城镇生活垃圾无害化处理设施建设规划的通知	国办发〔2012〕23号		国务院办公厅
42		关于印发进一步鼓励和引导民间资本进入市政公用事业领域的实施意见的通知	建城〔2012〕89号		住房城乡建设部

《城市市容和环境卫生管理条例》是1992年颁布实施的，随着改革开放的不断深入，社会经济的不断发展，该条例的一些规定已经与现实情况不符。因此，急需修订该条例。

2. 完善标准体系

(1) 现有标准概况

截止到2011年9月，共发布生活垃圾行业标准65项（包括国家标准10项），其中住房城乡建设部发布的工程建设标准19项、产品标准30项。

2000年，发展改革委、建设部以规范性文件的形式，先后发布了生活垃圾卫生填埋、焚烧和堆肥处理工程项目建设标准，之后分别于2009年和2010年进行修订。

环保部针对生活垃圾卫生填埋场和焚烧厂污染控制，发布了《生活垃圾填埋污染控制标准》GB 16889—2008和《生活垃圾焚烧污染控制标准》GB 18485—2001。

（2）标准体系建设

生活垃圾处理标准是我国市容环卫标准中的重要组成部分，在不同层次体系中均有代表。根据标准的分类，可以分为工程建设标准体系和产品标准体系两类。

1）工程建设标准体系

工程建设标准体系包括技术标准53项。其中，综合标准（全文强制性标准）1项，基础标准4项，通用标准19项，专用标准29项。

2）产品标准体系

产品标准体系基本覆盖市容环境卫生的各类主要产品，结构上分为市容环境卫生基础标准、通用标准和专用标准3个层次，并按市容环境卫生主要工作内容，横向分为生活垃圾收集、转运、处理（资源回收）、市容环卫管理服务四部分。产品标准体系包含产品标准71项，其中基础标准7项、通用标准25项、专用标准39项。

5.2 严格准入制度

【原文】

（十四）严格准入制度。加强市场准入管理，严格设定城市生活垃圾处理企业资金、技术、人员、业绩等准入条件，建立和完善市场退出机制，进一步规范城市生活垃圾处理特许经营权招标投标管理。具体办法由住房城乡建设部会同有关部门制定。

【解读】

1. 生活垃圾处理企业准入与特许经营相关政策

垃圾处理属市政公用事业，其企业准入主要采用特许经营制度。特许经营制度是指政府按照有关法律、法规规定，通过市场竞争机制选择市政公用事业投资者或者经营者，明确其在一定期限和范围内经营某项市政公用事业产品或者提供某项服务的制度。特许经营制度是政府依法对市政公用事业进行规范化管理的一种方式。采用特许经营方式，可以缓解当前垃圾处理设施建设资金不足和政府财力有限之间的矛盾，可以减轻政府当前的投资压力，可以加快垃圾处理设施建设和设备更新的步伐，可以提供专业的管理人才和技术人才，同时带来先进的管理经验和技术。

生活垃圾处理企业市场准入与特许经营是伴随着我国垃圾处理市场化产生、发展与不断完善的。目前我国在推进垃圾处理市场化、市场准入与特许经营方面的主要政策有：

(1)《中共中央国务院关于加快发展第三产业的决定》

1992年6月颁布的《中共中央国务院关于加快发展第三产业的决定》中将公用事业确定为对国民经济发展具有全局性、先导性影响的基础行业。要求逐步向经营型转变，实行企业化管理。

(2)《关于促进和引导民间投资的若干意见》

2001年年底原国家计委颁布的《关于促进和引导民间投资的若干意见》中明确提出，鼓励和引导民间投资以独资、合作、联营、参股、特许经营等方式，参与经营性的基础设施和公益事业项目建设。这在政策上全面开放了城市市政公用基础设施市场，为市政公用行业全方位市场化改革提供了保障。

(3)《关于加快市政公用行业市场化进程的意见》

2002年12月27日，原建设部发布了《关于加快市政公用行业市场化进程的意见》(建城〔2002〕272号)。该意见指出："市政公用行业是城市经济和社会发展的载体，鼓励社会资金、外国资本采取独资、合资、合作等多种形式，参与市政公用设施的建设，形成多元化的投资结构。对供水、供气、供热、污水处理、垃圾处理等经营性市政公用设施的建设，应公开向社会招标选择投资主体。采取公开向社会招标的形式选择供水、供气、供热、公共交通、污水处理、垃圾处理等市政公用企业的经营单位，由政府授权特许经营。”该意见明确提出建立市政公用行业特许经营制度，范围包括城市供水、污水处理、垃圾处理等公共行业。

(4)《关于实行城市生活垃圾处理收费制度促进垃圾处理产业化的通知》

2002年6月28日，国家计委、财政部、建设部、环保总局颁布《关于实行城市生活垃圾处理收费制度促进垃圾处理产业化的通知》(计价格〔2002〕872号)。该通知明确了垃圾收费为经营服务性收费，收费标准按照成本补偿、合理盈利和区别情况、逐步到位的原则确定；确定了收费标准的管理权限，由城市人民政府价格主管部门和建设行政主管部门共同制定，城市人民政府批准，报省级主管部门备案，并实行价格听证制度。

(5)《关于推进城市污水、垃圾处理产业化发展的意见》

2002年9月国务院转发了国家计委、建设部、国家环保总局《关于推进城市污水、垃圾处理产业化发展的意见》(计投资〔2002〕1591号)。该意见指出：“根据‘十五’计划纲要和《‘十五’城镇化重点专项规划》,‘十五’期间新增垃圾无害化处理能力15万吨，实现这一目标，需要巨大资金投入，仅靠各级政府财力远远不够。国家支持城市污水、垃圾处理工程的项目法人利用外资包括申请国外优惠贷款，并且要对产业化项目给予适当补助。今后，凡是未按产业化要求进行建设和经营的污水、垃圾处理设施，国家将不再在政策、资金上给予扶持。”

(6)《市政公用事业特许经营管理办法》

为了加快推进市政公用事业市场化，规范市政公用事业特许经营活动，加强市场监管，保障社会公共利益和公共安全，促进市政公用事业健康发展，2004年2月24日原建设部发布了《市政公用事业特许经营管理办法》，于 2004 年 5 月 1 日起实施。《办法》对于市政公用事业特许经营的原则、竞标者条件、招投标程序以及特许经营协议内容等做出了相关规定。

(7)《国务院关于投资体制改革的决定》

2004 年 7 月 25 日，《国务院关于投资体制改革的决定》（国发〔2004〕20 号）明确指出："鼓励社会投资。放宽社会资本的投资领域，允许社会资本进入法律法规未禁入的基础设施、公用事业及其他行业和领域。"该决定促进了社会资本进入垃圾处理行业。

(8)《生活垃圾处理技术指南》

2010 年 4 月 22 日，住房城乡建设部、发展改革委和环保部联合印发了《生活垃圾处理技术指南》的通知。其中提到"将生活垃圾处理工作应纳入国民经济和社会发展计划，采取有利于环境保护和综合利用的经济、技术政策和措施，促进生活垃圾处理的产业化发展。"

(9)《国务院关于鼓励和引导民间投资健康发展的若干意见》

2010 年 5 月 7 日，《国务院关于鼓励和引导民间投资健康发展的若干意见》（国发〔2010〕13 号）指出："鼓励民间资本参与市政公用事业建设。支持民间资本进入城市供水、供气、供热、污水和垃圾处理、公共交通、城市园林绿化等领域。鼓励民间资本积极参与市政公用企事业单位的改组改制，具备条件的市政公用事业项目可以采取市场化的经营方式，向民间资本转让产权或经营权"。

(10)《关于印发进一步鼓励和引导民间资本进入市政公用事业领域的实施意见的通知》

2012 年 6 月 8 日，住房城乡建设部印发《关于进一步鼓励和引导民间资本进入市政公用事业领域的实施意见》（建城〔2012〕89 号)，提出要"支持民间资本参与市政公用事业建设，深化市政公用事业改革"，通过营造公平竞争的制度环境、完善价格和财政补贴机制、加强财税等政策扶持、拓宽融资渠道、加强技术服务和完善信息公开制度等方式，鼓励和引导民间资本进入包括垃圾收运处理在内的市政公用事业领域，促进民间资本和相关产业健康发展。

2. 我国垃圾处理企业准入与特许经营发展现状

2002年12月，建设部印发《关于加快市政公用行业市场化进程的意见》，提出开放市政公用事业领域，允许跨地区、跨行业参与市政公用事业的经营，鼓励采用公开招标的形式选择市政公用事业的运营单位，建立特许经营制度等。部分地方城市结合实际，也分别出台了地方性的特许经营行政法规，2006年12月，兰州市通过了《兰州市市政公用事业特许经验管理办法》，2007年10月贵州省通过了《贵州省市政公用事业特许经验管理条例》，2007年山西省通过了《山西省市政公用事业特许经验管理条例》，2009年10月成都市发布了《成都市人民政府特许经营权管理办法》。

在相关规章和政策的引导下，经过近年来的探索和发展，社会资本和企业进入垃圾处理的速度越来越快，范围越来越大。国内不少城市通过公开招标方式，选择生活垃圾处理设施，特别是垃圾焚烧发电厂的投资、建设、运营主体，通过BOT、合资合作等多种方式进行投资建设，逐渐形成投融资多元化的格局。

特许经营方式的引入，多元投融资格局的逐步形成，不仅能缓解政府财政压力，而且为市民提供了更高质量的环境服务。但必须意识到，采用特许经营对政府的综合能力提出了较高的要求，包括一则需要相应的补贴费支付能力；二则要建立公平合理的招投标机制；三则要具有较强的特许经营谈判能力；四则要建立健全监管机制。

3. 严格准入制度的几个重要内容

（1）加强市场企业准入条件管理

建立垃圾处理市场准入制度，合理设置准入条件，引导业绩良好、实力强、信誉好的专业化企业进入，既有利于规范市场，也有利于为市民提供优质环境服务，保障社会和公共安全。对企业的综合评价，可从基本条件、技术力量、技术装备与管理水平等方面进行。

（2）完善特许经营退出制度

在特许经营协议中，双方应该约定退出特许经营的条件、方式和内容，包括特许经营期满的移交和续约，特许经营期间的非正常退出等，以保证城市垃圾处理设施的正常运行。

（3）建立公平招投标制度

垃圾处理设施特许经营招标，应符合有关法律、法规和标准的要求，为了防止出现“钓鱼”项目，不宜采用最低价中标的方式，可采用设定合理报价区间，鼓励合理低价中标的方式。目前，福建省出台了《城市污水、垃圾处理特许经营项目业主招标投标办法（试行）》，可作为借鉴。

为了配合实施《市政公用事业特许经营管理办法》，建设部组织有关专家，结合行业的特点，制定了《城市生活垃圾处理特许经营协议示范文本》（GF-2004-2505），供各地在实施特许经营制度时参考。该《示范文本》主要体现了特许经营协议的原则性规定。各地在签定具体项目的特许经营协议时，应当根据当地和具体项目的实际情况，对《示范文本》规定的原则性内容进行细化。该《示范文本》不影响当事双方对协议的具体内容进行的自愿约定和协商。

5.3 建立评价制度

【原文】

（十五）建立评价制度。加强对全国已建成运行的生活垃圾处理设施运营状况和处理效果的监管，开展年度考核评价，公开评价结果，接受社会监督。对未通过考核评价的生活垃圾处理设施，要责成运营单位限期整改。要加快信用体系建设，建立城市生活垃圾处理运营单位失信惩戒机制和黑名单制度，坚决将不能合格运营以及不能履行特许经营合同的企业清出市场。

【解读】

1. 生活垃圾处理设施评价标准

我国自2005年起，住房城乡建设部先后发布了《生活垃圾填埋场无害化评价标准》CJJ/T 107—2005、《生活垃圾焚烧厂评价标准》CJJ/T 137—2010和《生活垃圾转运站评价标准》CJJ/T 156—2010，《生活垃圾堆肥处理厂评价标准》正在编制之中。

与其他技术标准不同，这些评价标准主要是从垃圾处理设施的建设和运行管理两方面，综合评价处理设施的状况和处理效果，并给出相应的等级。

2. 生活垃圾处理设施评价制度建设

2005年《生活垃圾填埋场无害化评价标准》发布后，住房城乡建设部委托中国城市环境卫生协会组织专家，对全国各城市生活垃圾卫生填埋场开展了两次等级评估。垃圾填埋场的等级评定，为探索生活垃圾处理设施评价制度奠定了坚实基础。

在总结垃圾填埋场等级评定的经验基础上，住房城乡建设部在2012年继续开展生活垃圾卫生填埋场和焚烧厂等级评定工作，着手制定生活垃圾处理设施等级评定管理办法，不断规范评价程序，公开评价结果，接受社会监督，使等级评定逐步成为一项常态工作。

3. 信用体系建设

建立城市生活垃圾处理企业信用系统，对在运营过程中弄虚作假，未按承诺、按标准规范运营的企业进行曝光，并给予相应惩戒，建立失信企业黑名单，将不能合格运营及不能履行特许经营合同的企业清出市场，保证城市生活垃圾处理设施的正常运行和行业相关工作将纳入社会信用体系建设的良性发展。

5.4 加大监管力度

【原文】

（十六）加大监管力度。切实加强各级住房城乡建设（市容环卫）和环境保护部门生活垃圾处理监管队伍建设。研究建立城市生活垃圾处理工作督察巡视制度，加强对地方政府生活垃圾处理工作以及设施建设和运营的监管。建立城市生活垃圾处理节能减排量化指标，落实节能减排目标责任。探索引入第三方专业机构实施监管，提高监管的科学水平。完善全国生活垃圾处理设施建设和运营监控系统，定期开展生活垃圾处理设施排放物监测，常规污染物排放情况每季度至少监测一次，二噁英排放情况每年至少监测一次，必要时加密监测，主要监测数据和结果向社会公示。

【解读】

各级人民政府环境卫生行政主管部门是所在行政辖区的生活垃圾处理的行业监管主体，随着生活垃圾处理设施建设、运行主体的多元化，行业监管方式易发生明显变化，从过去的职工人员、经费等行政管理，转变为处理设施的运行、维护和处理效果为主的技术监管。监管理念也发生显著变化。监管与被监管不是简单的对立和处罚，而是相互依存的服务关系，监管就是指导和帮助运行维护单位提高处理设施运行服务质量，促进安全生产，提升处理效果的过程。因此监管队伍要有较高的技术素养、先进的装备和充足的经费，才能独立行使监管权利，发挥监管作用。

目前北京、上海、广州、杭州等地成立了专门的监管机构实施监管。杭州市生活固体废弃物处置监管中心紧密依靠杭州市环境卫生科学研究所专业人员和设备，对杭州市的生活垃圾处理实施专业监管，每月向政府主管部门和运行维护单位反馈监管结果和存在问题，年末发布年度监管报告，取得了较好的效果。

第三方专业机构监管方式也正在积极探索之中。广东佛山自

2008年引入第三方专业机构实施专业监管，经过多年的实践，已经取得了成效和一些经验。

生活垃圾处理督查制度尚处于研究之中，其基本思路是借鉴城乡规划督察员制度的经验，由国家或省级人民政府聘请有影响力的专业人士，对市、县生活垃圾处理设施的运行、维护状况和处理效果，进行独立的、不定期的现场巡视和督查，以增加监管的独立性和公信力。

生活垃圾处理设施运行维护单位、监管机构，都要遵循相关技术标准要求的内容和频次，对生活垃圾处理过程中污染物排放进行监测，必要时可加大监测频次，监测数据和监管评价报告要对社会公开，增加监管的透明度和公众监督力度。

第6章 加大政策支持力度

6.1 拓宽投入渠道

【原文】

（十七）拓宽投入渠道。城市生活垃圾处理投入以地方为主，中央以适当方式给予支持。地方政府要加大投入力度，加快生活垃圾分类体系、处理设施和监管能力建设。鼓励社会资金参与生活垃圾处理设施建设和运营。开展生活垃圾管理示范城市和生活垃圾处理设施示范项目活动，支持北京等城市先行先试。改善工作环境，完善环卫用工制度和保险救助制度，落实环卫职工的工资和福利待遇，保障职工合法权益。

【解读】

1. 拓宽投入渠道

（1）拓展投融资渠道

城市生活垃圾处理作为地方政府的基本职责之一，在20世纪90年代以前，处理设施建设和作业服务，包括道路清扫、生活垃圾收运作业和处理，基本上是单一依靠地方政府财政投入。90年代中期以后，中央政府逐步加大了对生活垃圾处理设施建设的财政支持力度。今后仍然要坚持“地方投入为主，中央适当支持”的原则，加快生活垃圾处理设施建设。

随着改革开放的不断深入，城市生活垃圾处理设施建设投资也开始步入多元化，主要目标是解决资金短缺。2002年12月，建设部发布了《关于加快市政公用行业市场化进程的意见》（建城［2002］272号），指出要鼓励社会资金、外国资本采取独资、合资、合作等多种形式，参与市政公用设施的建设，形成多元化的投资结构。

（2）城市生活垃圾处理融资模式

城市生活垃圾处理项目一般具有投资大、建设周期和投资回收期长、投资利润低的特点，目前我国生活垃圾处理投融资有以下不同模式。

1）BOT（Build-Operate-Transfer）即建设-运营-移交方式，是指政府部门通过特许权协议授权项目发起人进行项目的融资、设计、建造、经营和维护，在规定的特许期内向该项目的使用者收取适当的费用，由此回收项目的投资、经营、维护等成本，并获得合理的回报。整个过程中的风险由政府和私人机构分担。特许期满后，项目公司将项目免费移交给政府。

世界银行对BOT的分类除上述的一种外还有另外两种，一是BOOT（Build-Own-Operate-Transfer）即建设-拥有-经营-转让。一些企业融资建设基础设施项目，项目建成后，在规定的期限内拥有所有权并进行经营，期满后将项目移交给政府部门。BOOT与BOT的区别主要有二：一为所有权区别。BOT方式，在项目建成之后，企业拥有所建成项目的经营权。但BOOT方式，在项目建成之后，在规定的期限内既有经营权，也有所有权。二是时间上的差别。采取BOT方式，从项目建成到移交给政府这一段时间一般比采用BOOT方式短一些。另一种方式为BOO（Build-Own-Operate）建设-拥有-经营。这种方式是企业根据政府赋予的特许权，建设并经营某基础设施，但是并不将此基础设施移交给政府部门。

企业作为项目的发起人或承包商采用BOT方式具有以下几方面的优势：

①充分利用项目经济状况的弹性，减少资本金支出，实现“小投入做大项目”或“借鸡下蛋”。

②能利用资产负债表外融资的特点，拓宽资金来源，减轻债务负担。

③能利用有限追索权的特点，加上其他风险管理措施，合理分配风险，加强对项目收益的控制和保留较高的投资回报率，能提高竞争力，创造较多商业机会。

2）BT（Build-Transfer）即政府或政府委托的投资商利用非政府资金来承建某些基础设施项目的一种投资方式。具体而言，政府通过合同约定，将拟建设的某个基础设施项目授予建筑商，建筑商负责组建项目公司，在规定的时间内，由项目公司负责该项目的投融资和建设。合同期满，项目公司将该项目有偿转让给政府或投资商，由政府或投资商以股权回收的形式接收项目公司，并向建筑商支付合同价款。BT 模式是 BOT 模式的一种变换形式，本质上也是政府利用非政府资金来进行基础非经营性设施建设项目的一种融资模式。BT 是一种投资方式，不是招标的方式，更不是直接发包的方式。一般只有政府的基础设施项目才能采用 BT 方式。BT 项目的投融资和建设者应是建筑商，建筑商是国际通行提法，就是国内通常所说的施工单位承包商。而且，一般要求承建 BT 项目的建筑商既要有较强的投融资能力，又要有较强的施工能力，既是投资者又是施工者，才能在保证工程质量和工期的前提下降低投资成本。与 BOT 不同，BT 只需要投资者将项目建成而不需要经营，投资者的收入来源主要是合同收入，因此，BT 项目建成后，投资者要将项目有偿转让给政府，以尽快收回投资并赚取一定的利润。

3）TOT（Transfer-Operate -Transfer）即移交-经营-移交方式，是指政府对其建成的基础设施在资产评估的基础上，通过公开招标向社会投资者出让资产或特许经营权，投资者在购得设施或取得特许经营权后，组成项目公司，该公司在合同期内拥有、运营和维护该设施，通过收取服务费回收投资并取得合理的利润。合同期满后，投资者将运行良好的设施无偿地移交给政府。TOT 融资方式恰好是投资于基础设施领域，能够起到缓解政府资金压力的作用，近年来在许多发展中国家的基础设施领域发挥着重要的作用。

近些年来，TOT是国际上较为流行的一种项目融资方式，在我国处于刚刚起步的阶段。TOT融资方式与BOT的不同之处在于，BOT是由投资者新建一座垃圾处理厂，而TOT是政府将过去已经建成的垃圾处理厂出售给投资商经营，政府可将收回的投资用于城市生活垃圾处理等设施的建设。TOT模式的好处是可以盘活市政存量资产，使政府有更多的财力来从事其他方面的城市建设。此外，由于政府出手的是已经建成的且能正常运营的环保基础设施，建设期的风险不用承担，从而更能吸引投资者。

TOT特别适合国外投资者参与本国基础设施建设，国外投资者通过购买一国国家所有的基础设施的所有权，由该国政府授予投资者以特许经营权，投资者在约定的时间内拥有该基础设施的经营权，通过经营活动取得收入，收回全部投资并获得相应的利润，约定时间届满时，投资者将该基础设施的所有权及经营权无偿移交给该国政府。

4）PPP（Public-Private-Partnership）即“公共私营合作制”或“公私合作伙伴关系”。PPP模式是指政府与私人组织之间，为了合作建设城市基础设施项目，或是为了提供某项公共物品和服务，以特许权协议为基础，彼此之间形成一种伙伴式的合作关系。该模式的灵活运用提高了基础设施行业在规划、投融资、建设和运营各个环节的效率，是一种较为成熟的运营模式。

PPP模式使政府部门和民营企业能够充分利用各自的优势，把政府部门的社会责任、远景规划、协调能力与民营企业的创业精神、民间资金和管理效率结合到一起。可以减轻政府的财政负担，提高了基础设施项目运作质量，节约了项目运作成本，保证了民营资本可接受的盈利水平。

2. 完善相关环卫用工制度，保障职工合法权益

在我国，环卫行业长期以来属于劳动密集型行业，机械化程度低，劳动卫生防护不重视。随着生活垃圾成分的显著变化，在“清扫—清运—转运—处理”4项作业过程中，职业有害接触程度越来越重，包括粉尘、汽车尾气、氨、硫化氢等有害气体。经检测，生活垃圾中细菌总数高达 213Cfu/皿（国家卫生标准为≤45Cfu/皿），填埋场内苯浓度最高超标 25.7 倍。长期从事环卫作业的人员，不仅接触大量有毒有害气体、液体和微生物，而且超负荷劳动，工人体质下降，免疫力降低，环卫工人的发病率明显升高。

依据《中华人民共和国职业病防治法》，建立、健全职业病防治责任制，加强对职业病防治的管理，定期进行职业健康体检，建立和健全健康档案，发现职业禁忌症、职业病等，应及时妥善处理。严格执行规章制度和安全操作规程，保护环卫工人的健康及相关权益。加强宣传教育，使环卫工人了解本工作场所中存在的职业危害，提高对防治职业危害的认识和重视，自觉佩戴有效的个体防护用品，缩短职业有害接触时限，更好地保护环卫工人身体的健康。定期检测环卫职工工作场所接触的有毒有害物质种类和浓度，进一步加强对环卫职工职业病产生及防治方面的研究，为政策制定提供更为科学的依据。

2012 年 5 月 4 日，住房城乡建设部会同人力资源社会保障部等六部门联合印发了《关于进一步保障环卫行业职工合法权益的意见》（建城〔2012〕73 号），要求各地区、各有关部门要从保民生、构建和谐社会和推动经济社会可持续发展的高度出发，加强领导，规范劳动人事管理、提高环卫职工待遇、改善工作条件、落实各项保障措施，切实保障环卫职工合法权益，推动环境卫生事业健康发展。

北京市先后出台了《关于加强环卫职工健康权益保障工作意见的通知》（京政办函〔2010〕3 号），规范和指导环卫作业单位执行危害岗位补助、健康疗养补助和特困职工补助等政策。北京市总工会、北京市市政市容管理委员会和北京市东城区人民政府，联合爱心企业设立了“时传祥环卫工人专项温暖基金”，于 2010 年 12 月 1 日正式启动。该专项基金救助对象为北京市从事环卫工作的一线作业人员。浙江省劳动厅等部门，把生活垃圾处理等工种列为有害工种，享受提前退休和相关劳动保护政策。

6.2 建立激励机制

【原文】

（十八）建立激励机制。严格执行并不断完善城市生活垃圾处理税收优惠政策。研究制定生活垃圾分类收集和减量激励政策，建立利益导向机制，引导群众分类盛放和投放生活垃圾，鼓励对生活垃圾实行就地、就近充分回收和合理利用。研究建立有机垃圾资源化处理推进机制和废品回收补贴机制。

【解读】

要充分利用经济手段、价格杠杆，激励生活垃圾处理设施运行管理单位安全运行设施，正常处理生活垃圾，达标排放，引导公众分类投放生活垃圾，推进废品回收和再利用。在这方面，发达国家已经积累了宝贵经验，值得我们学习、借鉴。

1. 国外生活垃圾收费

国外生活垃圾收费主要分为定额收费制、计量收费制和超量收费制三种形式。

（1）垃圾定额收费

垃圾的定额收费又叫均量制，一般按房租、水费的一定比例，或人日、家庭户、面积等收取固定费用，而与收费对象的垃圾排放量没有直接关系。

由于定额收费额与个人垃圾排放量无关，所以是一种不公平的收费制度，对垃圾排放者的行为无约束能力，对垃圾的减量化和资源化没有太大的帮助，是刺激机制最弱的一种收费制度，但是由于它便于实施，管理难度小，在世界上很多国家和地区都广泛应用。

（2）垃圾计量收费

计量收费制是根据清运或处理生活垃圾的体积或重量多少来收取费用。由于生活垃圾的排放数量与收费数额直接相关，为了减少垃圾费的缴纳数额，人们会从商品选择、生活习惯以及垃圾排放行为改变等多个方面采取措施，尽量减少生活垃圾的排放量，促进垃圾的资源化与减量化，并体现了真正的公平、经济合理、环境可持续性，因此，近十多年来在各国实施的范围越来越广。

计量收费在实施过程中也可会带来一些负面影响，如某些垃圾排放者希望不付或少付垃圾费，因而有可能导致垃圾非法处理或随意倾倒现象增加，造成环境污染。或者当非法处理或随意堆放的垃圾量过大时，垃圾处理装置不能按照原来设计的处理能力正常运行，导致垃圾处理单位亏损，不利于调动相关企业从事垃圾处理活动的积极性，也不利于投资回收。

（3）垃圾超量收费

超量收费制是指在一定数量内少量收费，超过这个数量后加大收取费率标准，促使减少垃圾排放。如美国西雅图市规定：每月每户清运 4 桶垃圾，缴纳 13.25 美元，超过 4 桶后另外每增加一桶加收 9 美元。仅此一项措施，该市垃圾量减少了 25％。

超量收费制对城市生活垃圾的排放量起到了一定的抑制作用，具有惩罚性，但对不同的垃圾产生主体其减量的效果存在差异。

2. 国外生活垃圾处理税收

国外对于生活垃圾的管理主要是通过完善的法律法规来实现。法律法规的主要作用是通过制定和实施垃圾管理计划、处理设施的排放标准，促进回收市场的发展，以及税收优惠等措施来实现垃圾管理目标，从而间接驱动分类收集的实施。

德国的垃圾处理费征收主要有两类，一类是向城市居民征收，另一类是向生产商征收（又称产品费）。产品费要求生产商对其生产的产品全部生命周期负责，对于约束生产商使用过多的原材料，促进生产技术的创新，以及筹集垃圾处理资金都有较大的帮助。德国通过垃圾收费政策，强制居民和生产商增加了对垃圾回收和处理的投入，为垃圾治理积累了资金，也推动了垃圾减量化和资源化。据德国环保局统计，垃圾收费政策实施后，垃圾减少了65%；包装企业每年仅包装废物回收所交纳的处理费已高达2.5亿～3亿美元。

押金返还制度（Deposit refund system，DRS）是消费者或下游厂商在交易时预先支付一定的押金，履行某些义务后获得押金返还的一种政策机制。

德国政府制定了《饮料容器实施强制押金制度》，这是欧洲第一个关于包装回收的法令。该法令规定在德境内任何人购买饮料时必须多付0.5马克，作为容器的押金，以保证容器使用后退还商店以循环利用。如果液体饮料的容器是不可回收利用的，购买者必须为每个容器至少多付0.25欧元的押金，当容器容量超过1.5升时，需要至少多付0.5欧元。只有容器按要求回收时，押金才能退回。

韩国对家用电器、包装材料、电池和轮胎等指定产品，也实施了废物处理押金返还制度。该制度规定，指定产品的制造商和进口商须根据其产品的出库数量预先向“环境改善专门账户（Special Account for Environment Improvement）”缴纳押金，各种单件商品的押金费用由政府统一规定，指定产品的生产企业有责任回收和处理其报废产品，专门账户将根据各企业实际回收处理数量不同程度地返还其预缴押金。

3. 国外生活垃圾分类收集与减量

美国的垃圾分类回收已达到50%以上。1989年美国加利福尼亚州通过了一项减少填埋垃圾量的法律，规定全州所有县、市的垃圾分类率在2000年年底要达到50%，推进不力的城市将给予每天1万美元的罚款。根据加州1999年公布的报告，全州446个城市中已有113个达到了50%的目标，114个城市达到了40%，迄今已有3个城市受到了处罚，2000年已达到预期目标。

韩国已在全国实行了垃圾分类收集。环境部于1991年3月颁发了环境卫生管理条例，对垃圾资源化、减量化做出了规定，不仅给予优惠政策，而且动员全社会参与，给予多方面的支持和协作。

4. 国外生活垃圾资源化处理与废品回收

美国以法律形式来保证垃圾处理产业化发展。资源保护与回收法（简称 RCRA，1976 颁布）是美国首次利用自由市场机制进行保护环境的尝试。RCRA 在制定一系列废物与危险废物排放标准前提下，要求因排污而受益者付费，目的是使外部环境成本内部化，刺激各种有利于环境保护的垃圾处理新技术、新方法的发展。RCRA 还要求通过政府采购、回收工业产品等方法促进回收市场的发展。

德国政府较早地认识到垃圾处理应该是全民的责任，其投资巨大，完全依靠政府不能解决问题，必须广泛吸引私人资本参与。德国的双向回收系统（Duales System Deutschland，简称 DSD）就是典型的例子。DSD 也称为绿点公司，是一家专项从事废物回收的公司。根据规定，包装材料的生产及经营企业要到“德国二元体系”协会注册，交纳“绿点标志使用费”，并获得在其产品上标注“绿点”标志的权利。协会则利用企业交纳的“绿点”费，负责收集包装垃圾，然后进行清理、分拣和循环再生利用。

日本政府对引进再循环设备的企业实行减少特别折旧、固定资产税和所得税。对废塑料制品类再生产处理设备，在使用年限内除普通退税外，还按取得价格的 14％进行特别退税。对废纸脱墨处理设备、处理玻璃碎片用的夹杂物剔除设备、铝再生制造设备、空瓶洗净处理设备等，除实行特别退税外，还可获得 3 年的固定资产税返还。对公害防治设施可减免固定资产税，根据设施的差异，减免税率分别为原税金的 40％～70％。对各类环保设施，加大设备折旧率，在其原有折旧率的基础上再增加14％～20％的特别折旧率。

5. 北京市生活垃圾处理激励机制

（1）生活垃圾管理相关激励政策

《北京市生活垃圾管理奖励办法》规定，设立生活垃圾减量化、资源化、无害化优秀奖，分类收集和“零废弃”贡献奖，奖励在生活垃圾减量化、资源化、无害化、分类收集工作中取得显著成绩的区县政府和部门、乡镇、社区、街道、村庄、社会单位和个人。

（2）区域补偿机制

北京市市政市容委和市财政局于2010年4月发布了《关于建立生活垃圾处理调控核算平台的意见》，对生活垃圾产生量实行总量控制，各区县进入市级处理设施的垃圾量，超过额定处理量的5%以上部分，生活垃圾处理基准费用标准增加100%，垃圾产生区根据处理量向异地处理区缴纳垃圾处理经济补偿费，用于改善生活垃圾处理设施周边环境影响和垃圾源头分类减量。

自2010年1月1日起，生活垃圾（含餐厨）异地处理经济补偿费用标准核定为100元/t，其中，垃圾转运站所在区县获得10元/t的补偿，其他垃圾处理设施所在区县获得90元/t的补偿。自2012年1月1日起，生活垃圾（含餐厨）异地处理经济补偿费用标准核定为150元/t。

（3）再生资源回收体系建设

2006年10月，北京市商务局、北京市发展和改革委员会、北京市规划委员会、北京市市政管理委员会、北京市工业促进局、北京市财政局、北京市公安局、北京市工商行政管理局、北京市环境保护局、北京市国土资源局、北京市城市管理综合行政执法局联合印发了《关于推进北京市再生资源回收体系产业化发展试点方案的实施意见》。

北京市推进再生资源回收体系建设的总体工作思路为：规范站点、物流配送、专业分拣、厂商直挂。先从社会产生量较大的废旧报纸、纸制品包装物和废塑料做起，在城八区先行试点，积累经验后逐步推广。

其目标是：①提高组织化程度：采取政府招投标的方式，确定并培育若干家再生资源回收物流企业作为市场运营主体，逐步取代分散、个体的回收方式。②完善并规范社区回收网络：按照城区每1000～1500户居民设置一个回收站点的标准，城八区设置约2000个回收站点，回收站点原则上以流动站点为主，固定站点为辅，并逐步引入物流配送的方式，实行定点、定时、定人回收。③建设专业化分拣中心：发展专业化分拣中心逐步代替摊群式集散市场，重点清理整顿市场，撤除非法市场，引导现有再生资源集散市场升级改造为专业化分拣中心，全市未来预计发展10个左右专业化分拣中心。④提升再生资源回收和利用效率：通过再生资源回收体系的资源整合、培育行业龙头企业，规范、精简流通环节，减少流程时间。通过科学合理地分拣、初加工，保证利用企业的高效利用。

6.3 健全收费制度

【原文】

（十九）健全收费制度。按照“谁产生、谁付费”的原则，推行城市生活垃圾处理收费制度。产生生活垃圾的单位和个人应当按规定缴纳垃圾处理费，具体收费标准由城市人民政府根据城市生活垃圾处理成本和居民收入水平等因素合理确定。探索改进城市生活垃圾处理收费方式，降低收费成本。城市生活垃圾处理费应当用于城市生活垃圾处理，不得挪作他用。

【解读】

2002年6月，原国家计划委员会和国家财政部、建设部、环保总局联合下发了《关于实行城市生活垃圾处理收费制度促进垃圾处理产业化的通知》（计价格〔2002〕872号），明确该项收费为经营服务性，缴入财政专户，专款专用，主要用于补偿生活垃圾的收集、运输和处理的部分成本。自此以后，不少地方制定

了生活垃圾收费管理办法，建立了收费制度

生活垃圾处理收费遵循“谁产生、谁付费”原则，有利于弥补垃圾处理经费不足，加快处理设施建设，推进产业化发展，促进资源节约型、环境友好型社会建设和循环经济发展。

健全收费制度主要体现在进一步提高生活垃圾处理收费制度的覆盖面，改进收费方式，规范收费管理。

尚未开征生活垃圾处理费的城市，住房城乡建设（市容环卫）主管部门要会同物价、财政部门抓紧制定征收方案和管理办法，报城市人民政府同意后，召开价格听证会，听取公众意见，尽快完善后实施。现阶段，相当一部分城市的生活垃圾处理费还不能做到全成本收缴，处理费标准应与本地的社会、经济发展相一致，分阶段逐步提高到全成本和保本微利水平。

2009 年 6 月，国家发展改革委和住房城乡建设部选择江苏省南京市、湖北省武汉市和“武汉城市圈”内的黄石市及潜江市、湖南省长沙市作为垃圾处理收费方式改革试点城市。

2010 年 2 月，住房城乡建设部会同国家发展改革委、环境保护部赴江苏等地开展城市生活垃圾处理工作调研时，重点了解了试点城市生活垃圾处理收费工作进展情况。从各地情况看，由于缺乏有效的收费渠道、收缴成本高等原因，多数地区的存在垃圾处理费收缴率低的问题。

根据已开征生活垃圾处理费城市的经验，生活垃圾处理费单独收缴收费成本高、收缴率低。可探索选择适合当地情况的征收载体和具体模式，如与自来水、燃气等捆绑收费的方式，完善生活垃圾处理收费制度。

6.4 保障设施建设

【原文】

（二十）保障设施建设。在城市新区建设和旧城区改造中要优先配套建设生活垃圾处理设施，确保建设用地供应，并纳入土地利用年度计划和建设用地供应计划。符合《划拨用地目录》的项目，应当以划拨方式供应建设用地。城市生活垃圾处理设施建设前要严格执行建设项目环境影响评价制度。

【解读】

1. 建设用地保障

各地对于符合土地利用总体规划、城市总体规划和生活垃圾处理设施规划的生活垃圾处理设施建设项目，应优先给予项目用地预审，确保建设用地供应，并纳入土地利用年度计划和建设用地供应计划。

（1）优先列入土地利用年度计划

根据《土地利用年度计划管理办法》（国土资源部第37号令）的规定，土地利用年度计划管理应优先保证国家重点建设项目和基础设施项目用地。

（2）采用划拨方式供地

根据《中华人民共和国土地管理法》第五十四条第二款的有关规定和《划拨用地目录》（国土资源部令第9号），城市基础设施用地由建设单位提出申请，经有批准权的人民政府批准，可以采用划拨方式取得土地使用权。

2. 严格执行环境影响评价制度

生活垃圾处理设施建设项目，应当依照《环境影响评价法》和《建设项目环境保护管理条例》的规定，进行环境影响评价，向有审批权的环境保护行政主管部门报批环境影响评价文件，全面实行生活垃圾处理设施环境影响评价制度。

根据国务院《建设项目环境保护管理条例》（中华人民共和国国务院令第253号）的规定，生活垃圾处理设施建设单位应当在建设项目可行性研究阶段报批建设项目环境影响报告书、环境影响报告表或者环境影响登记表；按照国家有关规定，不需要进行可行性研究的建设项目，建设单位应当在建设项目开工前报批建设项目环境影响报告书、环境影响报告表或者环境影响登记表；其中，需要办理营业执照的，建设单位应当在办理营业执照前报批建设项目环境影响报告书、环境影响报告表或者环境影响登记表。

根据《环境影响评价法》的规定，建设单位应当在报批建设项目环境影响报告书前，举行论证会、听证会，或者采取其他形式，征求有关单位、专家和公众的意见。建设单位报批的环境影响报告书应当附具对有关单位、专家和公众的意见采纳或者不采纳的说明。

6.5 提高创新能力

【原文】

（二十一）提高创新能力。加大对生活垃圾处理技术研发的支持力度，加快国家级和区域性生活垃圾处理技术研究中心建设，加强生活垃圾处理基础性技术研究，重点突破清洁焚烧、二噁英控制、飞灰无害化处置、填埋气收集利用、渗沥液处理、臭气控制、非正规生活垃圾堆放点治理等关键性技术，鼓励地方采用低碳技术处理生活垃圾。重点支持生活垃圾生物质燃气利用成套技术装备和大型生活垃圾焚烧设备研发，努力实现生活垃圾处理装备自主化。开展城市生活垃圾处理技术应用示范工程和资源化利用产业基地建设，带动市场需求，促进先进适用技术推广应用和装备自主化。

【解读】

生活垃圾处理的发展需要科学技术的不断发展和创新能力的提升来提供技术支撑，主要通过以下几项措施来实现。

1. 组建国家和区域性生活垃圾处理技术研究中心

国家和区域性生活垃圾处理技术研究中心，着力于已有和新的科研成果转化为规模生产所需的进一步研发，推动集成的、成套的装备向行业辐射、转移与扩散。研究中心是国家技术创新体系的重要组成部分和产学研结合的重点平台，是推动战略性新兴产业发展的重要力量，是促进重大科技成果转化和产业化的孵化器。主要任务有：持续不断地为规模生产提供成套的工程化研究成果；促进引进先进技术的消化、吸收和创新；积极进行国际合作与交流；培养、吸引相关学科高水平的工程技术人才；为行业和相关领域的发展提供信息和咨询服务。在组建国家研究中心的基础上，再根据行业发展需求和产业发展布局，适当组建区域性研究中心，使研究中心与产业发展更紧密。

2. 纳入国家科技攻关和支撑计划

根据《国家中长期科技发展规划纲要》、《国家“十二五”科学和技术发展规划》、《国务院关于加快培育和发展战略性新兴产业的决定》（国发〔2010〕32号），将生活垃圾处理的一些重大基础性研究、工程性研究分别纳入国家科技攻关计划和科技支撑计划，能够在生活垃圾清洁焚烧、二噁英控制、飞灰无害化处置、填埋气收集利用、渗沥液处理、臭气控制、非正规生活垃圾堆放点治理等关键性技术，生物质燃气利用成套技术装备和大型生活垃圾焚烧设备研发与制造方面有突破，努力实现生活垃圾处理装备自主化。

地方也可根据实际需求，制定本地的科研发展计划，解决制约本地生活垃圾处理发展的关键性问题。

6.6 实施人才计划

【原文】

（二十二）实施人才计划。在高校设立城市生活垃圾处理相关专业，大力发展职业教育，建立从业人员职业资格制度，加强岗前和岗中职业培训，提高从业人员的文化水平和专业技能。

【解读】

现有从事生活垃圾处理的专业技术人员中，除近十年毕业的一部分人员来源于环境科学和环境工程专业外，其余的几乎都来自其他学科和专业，如公共卫生、化工、土木工程、给水排水、机械等。因此，在一些有条件的高校设立城市生活垃圾处理专业，为行业发展提供必要的专业人员是十分必要的。

生活垃圾处理已由过去的堆放、简易填埋，逐步演变为操作越来越复杂、自动化程度越来越高的卫生填埋、堆肥、焚烧发电，甚至熔融等高新技术。因此，需要借鉴国外的实践经验，逐步建立从业人员职业资格制度，这是生活垃圾处理设施和设备的安全、正常运行的基础保障。

从业人员职业资格，是指从事生活垃圾处理的管理人员、专业技术人员和操作人员，在工作前需要接受一定时间的专业知识和技能培训，通过规定科目的考试，取得相应职业资格后才能从事相应的工作。这需要一套制度来保障，包括建立教育、考试、监管等制度，以及与现有国家职业分类、职业技能认定、薪酬等制度的衔接等。

今后发展职业教育的重点，应是培训新员工的操作技能，并与后续教育或岗位再培训、员工的职业技能认定结合起来，帮助员工及时扩充和更新知识，不断提升专业技能。

第7章 加强组织领导

7.1 落实地方责任

【原文】

（二十三）落实地方责任。城市生活垃圾处理工作实行省（区、市）人民政府负总责、城市人民政府抓落实的工作责任制。省（区、市）人民政府要对所属城市人民政府实行目标责任制管理，加强监督指导。城市人民政府要把城市生活垃圾处理纳入重要议事日程，加强领导，切实抓好各项工作。住房城乡建设部、发展改革委、环境保护部、监察部等部门要对省（区、市）人民政府的相关工作加强指导和监督检查。对推进生活垃圾处理工作不力，影响社会发展和稳定的，要追究责任。

【解读】

略。

7.2 明确部门分工

【原文】

（二十四）明确部门分工。住房城乡建设部负责城市生活垃圾处理行业管理，牵头建立城市生活垃圾处理部际联席会议制度，协调解决工作中的重大问题，健全监管考核指标体系，并纳入节能减排考核工作。环境保护部负责生活垃圾处理设施环境影响评价，制定污染控制标准，监管污染物排放和有害垃圾处理处置。发展改革委会同住房城乡建设部、环境保护部编制全国性规划，协调综合性政策。科技部会同有关部门负责生活垃圾处理技术创新工作。工业和信息化部负责生活垃圾处理装备自主化工作。财政部负责研究支持城市生活垃圾处理的财税政策。国土资源部负责制定生活垃圾处理设施用地标准，保障建设用地供应。农业部负责生活垃圾肥料资源化处理利用标准制定和肥料登记工作。商务部负责生活垃圾中可再生资源回收管理工作。

【解读】

略。

7.3 加强宣传教育

【原文】

（二十五）加强宣传教育。要开展多种形式的主题宣传活动，倡导绿色健康的生活方式，促进垃圾源头减量和回收利用。要将生活垃圾处理知识纳入中小学教材和课外读物，引导全民树立“垃圾减量和垃圾管理从我做起、人人有责”的观念。新闻媒体要加强正面引导，大力宣传城市生活垃圾处理的各项政策措施及其成效，全面客观报道有关信息，形成有利于推进城市生活垃圾处理工作的舆论氛围。

【解读】

为提高市民的环境保护意识，树立“垃圾减量垃圾分类从我做起”的观念，北京市开展了多项活动，宣传城市生活垃圾处理的各项政策和重要意义。下面以北京市 2011 年开展的“做文明有礼的北京人，垃圾减量垃圾分类从我做起”主题宣传实践活动的相关工作为例，供大家学习和参考。

关于印发《2011 年“做文明有礼的北京人，垃圾减量垃圾分类从我做起”主题宣传实践活动方案》的通知

各区、县委，各区、县政府，市委、市政府各部委办局，各总公司，各人民团体，各高等院校，中央直属机关、中央国家机关，

北京卫戍区、武警北京总队：

现将《2011年“做文明有礼的北京人，垃圾减量垃圾分类从我做起”主题宣传实践活动方案》印发给你们，请按照方案要求，结合各自实际，采取有效措施，认真贯彻落实，引导广大市民和社会各界积极参与到“做文明有礼的北京人，垃圾减量垃圾分类从我做起”主题宣传实践活动中来，为建设“人文北京、科技北京、绿色北京”和中国特色世界城市营造良好的环境条件和社会氛围。

2011年2月26日

2011年“做文明有礼的北京人，垃圾减量垃圾分类从我做起”主题宣传实践活动方案

根据《关于深入开展“做文明有礼的北京人”主题活动的实施方案》，为巩固文明成果，加强环境文明建设，继续倡导垃圾减量和垃圾分类，进一步提升市民文明素质和城市文明程度，首都文明委和首都环境委决定，2011年继续在全市范围内组织开展“做文明有礼的北京人，垃圾减量垃圾分类从我做起”主题宣传实践活动。现制定方案如下：

一、指导思想

以邓小平理论和“三个代表”重要思想为指导，深入贯彻落实科学发展观，以“做文明有礼的北京人”为主线，以倡导垃圾减量垃圾分类为重点，以“周四垃圾减量日”和“再生资源回收日”活动为载体，动员广大市民和社会各界，持续开展垃圾减量垃圾分类宣传实践活动，树立节能减排、低碳环保理念，增强资源循环利用意识，倡导绿色生活风尚，养成健康文明生活习惯，提升市民文明素质和城市环境文明程度，推进人文北京、科技北京、绿色北京和宜居城市建设，为把北京建设成为资源节约型、环境友好型城市和中国特色世界城市营造良好的社会环境氛围。

二、活动目标

2011 年在全市 1200 个小区、1200 个行政村和 50 个乡镇开展垃圾分类试点；在 50 所学校、10 个党政机关、2 条餐饮街开展生活垃圾“零废弃”管理试点宣传活动，普及垃圾减量垃圾分类知识，倡导可再生资源循环利用，提升环境文明意识，带动全市生活垃圾处理工作全面推进，进一步提高生活垃圾减量化、资源化、无害化水平，继续保持全市生活垃圾负增长的目标。

三、活动安排

2011 年以“周四垃圾减量日”和“再生资源回收日”活动为载体，继续深入开展“做文明有礼的北京人，垃圾减量垃圾分类从我做起”主题宣传实践活动。全市各区县、各系统、各单位要继续广泛深入地开展以绿色办公、绿色旅游、绿色包装、绿色校园、绿色市场为主要内容的宣传实践活动，同时，重点突出“社区、农村、餐饮行业”三个领域和“再生资源回收”的活动内容。

1. 3～5 月为绿色社区活动月。垃圾减量垃圾分类进社区、进家庭。巩固 2010 年全市 600 个试点小区垃圾减量垃圾分类宣传教育成果，同时，重点在 1200 个试点小区、居民家庭开展主题宣传实践活动，通过组织参观垃圾分类处理设施，举行垃圾减量垃圾分类知识竞赛，张贴宣传海报，播放宣传片，对社区居民进行垃圾减量垃圾分类宣传。同时，组织中小学生积极参加社区开展的各类宣传活动，把绿色生活理念，低碳环保、减少废弃的文明素养带到家庭，带动家庭成员垃圾减量垃圾分类。

2. 6～8 月为绿色餐饮活动月。垃圾减量垃圾分类进餐馆、进饭店。以两条餐饮街为重点，在饭店、酒楼、度假村等餐饮行业，持续推广适量点餐、减少浪费；剩菜打包，减少废弃；减少一次性餐盒、筷子、水杯等用品的使用；扩大“绿色餐饮宣传员”队伍，积极打造绿色餐饮文化，促进餐厨垃圾源头减量。

3. 9～11 月为绿色乡村活动月。垃圾减量垃圾分类进农村、进市场。以 1200 个试点行政村和 50 个乡镇为重点，在农贸市场、农产品批发市场及农村地区，通过组织垃圾减量垃圾分类知识竞赛，张贴宣传海报，播放宣传片，对农民群众进行垃圾减量垃圾分类宣传，推行科学文明生活方式，引导商户“净菜上市”和执行国务院《关于限制生产销售使用塑料购物袋的通知》的决定，果蔬垃圾就地生化处理，或就近运至相对集中的资源化处理站，从源头减少垃圾产生。

4. 全年开展“再生资源回收”宣传活动。坚持每月最后一个周六开展“再生资源回收日”宣传活动。重点在1800个试点小区和1200个试点行政村的回收站点开展再生资源回收、垃圾分类宣传，组织回收再生资源。再生资源回收主体企业要认真做好“再生资源回收积分卡”的宣传、发放、登记和信息录入管理系统等工作。

四、工作要求

1. 建立健全组织，加强统筹协调。各区县、各系统要高度重视“做文明有礼的北京人，垃圾减量垃圾分类从我做起”主题宣传实践活动，按照全市的部署，各司其职、各负其责，进一步建立健全专门的工作机构，加强对本区县、本系统开展主题活动的统筹指导。要积极协调社会各界，充分发挥各自优势，面向广大市民，特别是中小学生，加强垃圾减量垃圾分类宣传教育。中直机关、中央国家机关、驻京部队要结合各自实际，开展形式多样的主题宣传教育活动。

2. 抓好工作落实，提供资金保障。根据2011年全市新增1200个居民小区、1200个行政村和50个乡镇垃圾分类试点的目标任务，各区县、各系统要制定具体活动方案，抓好本区县、本系统主题宣传实践活动的策划、组织、协调。要全面部署，突出重点，每月重点策划一次“周四垃圾减量日”和“再生资源回收日”活动。要把工作任务落实到街道（乡镇）、社区居委会和村委会。各级政府要加大对主题宣传实践活动和垃圾分类设施的资金投入，按照区县、街道（乡镇）共同承担的原则，保障主题活动资金到位。

3. 加强队伍建设，强化业务培训。各区县、各系统要进一步加强垃圾减量垃圾分类指导员队伍建设，在全市新增的1200个试点小区和1200个试点行政村开展垃圾分类宣传指导活动。要结合工作实际，做好垃圾分类志愿者的招募工作，组织社区、社会志愿人员参加垃圾分类指导工作，为他们配备相关工具，印发垃圾分类有关材料并组织培训，指导社区居民和广大村民做好垃圾分类工作。

4. 加强督促检查，开展争先创优。各区县要加强本区县宣传活动的指导和督促检查，督促指导街道、乡镇做好活动方案的制定、工作的组织协调、活动具体实施工作。市垃圾减分办要做好对区县、系统的检查指导工作，首都文明办要将各区县、各系统垃圾减量垃圾分类宣传成效纳入到精神文明建设考核内容。各区县、各系统要及时报送活动开展情况，市垃圾减分办以简报形式通报各区县、各部门活动开展情况。同时，在全市宣传推广一批垃圾减量垃圾分类的好经验、好做法，宣传树立100个示范小区、100个示范村庄、100个示范家庭、100个示范餐馆饭店、100个优秀指导员（志愿者）。

5. 强化宣传发动，营造良好氛围。积极协调争取中央新闻媒体的支持配合，市属新闻媒体要继续通过开设“做文明有礼的北京人，垃圾减量垃圾分类从我做起”专栏、专题等形式，加大宣传力度。各区县、各系统、各单位要利用各种宣传阵地加强社会宣传，营造良好的社会舆论氛围。

附件

关于进一步加强城市生活垃圾处理工作的意见

住房城乡建设部　环境保护部　发展改革委　教育部
科技部　工业和信息化部　监察部　财政部
人力资源社会保障部　国土资源部　农业部　商务部
卫生部　税务总局　广电总局　中央宣传部

为切实加大城市生活垃圾处理工作力度，提高城市生活垃圾处理减量化、资源化和无害化水平，改善城市人居环境，现提出以下意见：

一、深刻认识城市生活垃圾处理工作的重要意义

城市生活垃圾处理是城市管理和环境保护的重要内容，是社会文明程度的重要标志，关系人民群众的切身利益。近年来，我国城市生活垃圾收运网络日趋完善，垃圾处理能力不断提高，城市环境总体上有了较大改善。但也要看到，由于城镇化快速发展，城市生活垃圾激增，垃圾处理能力相对不足，一些城市面临“垃圾围城”的困境，严重影响城市环境和社会稳定。各地区、各有关部门要充分认识加强城市生活垃圾处理的重要性和紧迫性，进一步统一思想，提高认识，全面落实各项政策措施，推进城市生活垃圾处理工作，创造良好的人居环境，促进城市可持续发展。

二、指导思想、基本原则和发展目标

（一）指导思想。以科学发展观为指导，按照全面建设小康社会和构建社会主义和谐社会的总体要求，把城市生活垃圾处理作为维护群众利益的重要工作和城市管理的重要内容，作为政府公共服务的一项重要职责，切实加强全过程控制和管理，突出重点工作环节，综合运用法律、行政、经济和技术等手段，不断提高城市生活垃圾处理水平。

（二）基本原则。

全民动员，科学引导。在切实提高生活垃圾无害化处理能力的基础上，加强产品生产和流通过程管理，减少过度包装，倡导节约和低碳的消费模式，从源头控制生活垃圾产生。

综合利用，变废为宝。坚持发展循环经济，推动生活垃圾分类工作，提高生活垃圾中废纸、废塑料、废金属等材料回收利用率，提高生活垃圾中有机成分和热能的利用水平，全面提升生活垃圾资源化利用工作。

统筹规划，合理布局。城市生活垃圾处理要与经济社会发展水平相协调，注重城乡统筹、区域规划、设施共享，集中处理与分散处理相结合，提高设施利用效率，扩大服务覆盖面。要科学制定标准，注重技术创新，因地制宜地选择先进适用的生活垃圾处理技术。

政府主导，社会参与。明确城市人民政府责任，在加大公共财政对城市生活垃圾处理投入的同时，采取有效的支持政策，引入市场机制，充分调动社会资金参与城市生活垃圾处理设施建设和运营的积极性。

（三）发展目标。到 2015 年，全国城市生活垃圾无害化处理率达到 80％以上，直辖市、省会城市和计划单列市生活垃圾全部实现无害化处理。每个省（区）建成一个以上生活垃圾分类示范城市。50％的设区城市初步实现餐厨垃圾分类收运处理。城市生活垃圾资源化利用比例达到 30％，直辖市、省会城市和计划单列市达到 50％。建立完善的城市生活垃圾处理监管体制机制。到 2030 年，全国城市生活垃圾基本实现无害化处理，全面实行生活垃圾分类收集、处置。城市生活垃圾处理设施和服务向小城镇和乡村延伸，城乡生活垃圾处理接近发达国家平均水平。

三、切实控制城市生活垃圾产生

（四）促进源头减量。通过使用清洁能源和原料、开展资源综合利用等措施，在产品生产、流通和使用等全生命周期促进生活垃圾减量。限制包装材料过度使用，减少包装性废物产生，探索建立包装物强制回收制度，促进包装物回收再利用。组织净菜和洁净农副产品进城，推广使用菜篮子、布袋子。有计划地改进燃料结构，推广使用城市燃气、太阳能等清洁能源，减少灰渣产生。在宾馆、餐饮等服务性行业，推广使用可循环利用物品，限制使用一次性用品。

（五）推进垃圾分类。城市人民政府要根据当地的生活垃圾特性、处理方式和管理水平，科学制定生活垃圾分类办法，明确工作目标、实施步骤和政策措施，动员社区及家庭积极参与，逐步推行垃圾分类。当前重点要稳步推进废弃含汞荧光灯、废温度计等有害垃圾单独收运和处理工作，鼓励居民分开盛放和投放厨余垃圾，建立高水分有机生活垃圾收运系统，实现厨余垃圾单独收集循环利用。进一步加强餐饮业和单位餐厨垃圾分类收集管理，建立餐厨垃圾排放登记制度。

（六）加强资源利用。全面推广废旧商品回收利用、焚烧发电、生物处理等生活垃圾资源化利用方式。加强可降解有机垃圾资源化利用工作，组织开展城市餐厨垃圾资源化利用试点，统筹餐厨垃圾、园林垃圾、粪便等无害化处理和资源化利用，确保工业油脂、生物柴油、肥料等资源化利用产品的质量和使用安全。加快生物质能源回收利用工作，提高生活垃圾焚烧发电和填埋气体发电的能源利用效率。

四、全面提高城市生活垃圾处理能力和水平

（七）强化规划引导。要抓紧编制全国和各省（区、市）“十二五”生活垃圾处理设施建设规划，推进城市生活垃圾处理设施一体化建设和网络化发展，基本实现县县建有生活垃圾处理设施。各城市要编制生活垃圾处理设施规划，统筹安排城市生活垃圾收集、处置设施的布局、用地和规模，并纳入土地利用总体规划、城市总体规划和近期建设规划。编制城市生活垃圾处理设施规划，应当广泛征求公众意见，健全设施周边居民诉求表达机制。生活垃圾处理设施用地纳入城市黄线保护范围，禁止擅自占用或者改变用途，同时要严格控制设施周边的开发建设活动。

（八）完善收运网络。建立与垃圾分类、资源化利用以及无害化处理相衔接的生活垃圾收运网络，加大生活垃圾收集力度，扩大收集覆盖面。推广密闭、环保、高效的生活垃圾收集、中转和运输系统，逐步淘汰敞开式收运方式。要对现有生活垃圾收运设施实施升级改造，推广压缩式收运设备，解决垃圾收集、中转和运输过程中的脏、臭、噪声和遗洒等问题。研究运用物联网技术，探索线路优化、成本合理、高效环保的收运新模式。

（九）选择适用技术。建立生活垃圾处理技术评估制度，新的生活垃圾处理技术经评估后方可推广使用。城市人民政府要按照生活垃圾处理技术指南，因地制宜地选择先进适用、符合节约集约用地要求的无害化生活垃圾处理技术。土地资源紧缺、人口密度高的城市要优先采用焚烧处理技术，生活垃圾管理水平较高的城市可采用生物处理技术，土地资源和污染控制条件较好的城市可采用填埋处理技术。鼓励有条件的城市集成多种处理技术，统筹解决生活垃圾处理问题。

（十）加快设施建设。城市人民政府要把生活垃圾处理设施作为基础设施建设的重点，切实加大组织协调力度，确保有关设施建设顺利进行。要简化程序，加快生活垃圾处理设施立项、建设用地、环境影响评价、可行性研究、初步设计等环节的审批速度。已经开工建设的项目要抓紧施工，保证进度，争取早日发挥效用。要进一步加强监管，切实落实项目法人制、招投标制、质量监督制、合同管理制、工程监理制、工程竣工验收制等管理制度，确保工程质量安全。

（十一）提高运行水平。生活垃圾处理设施运营单位要严格执行各项工程技术规范和操作规程，切实提高设施运行水平。填埋设施运营单位要制定作业计划和方案，实行分区域逐层填埋作业，缩小作业面，控制设施周边的垃圾异味，防止废液渗漏和填埋气体无序排放。焚烧设施运营单位要足额使用石灰、活性炭等辅助材料，去除烟气中的酸性物质、重金属离子、二噁英等污染物，保证达标排放。新建生活垃圾焚烧设施，应安装排放自动监测系统和超标报警装置。运营单位要制定应急预案，有效应对设施故障、事故、进场垃圾量剧增等突发事件。切实加大人力财力物力的投入，解决设施设备长期超负荷运行问题，确保安全、高质量运行。建立污染物排放日常监测制度，按月向所在地住房城乡建设（市容环卫）和环境保护主管部门报告监测结果。

（十二）加快存量治理。各省（区、市）要开展非正规生活垃圾堆放点和不达标生活垃圾处理设施排查和环境风险评估，并制定治理计划。要优先开展水源地等重点区域生活垃圾堆放场所的生态修复工作，加快对城乡结合部等卫生死角长期积存生活垃圾的清理，限期改造不达标生活垃圾处理设施。

五、强化监督管理

（十三）完善法规标准。研究修订《城市市容和环境卫生管理条例》，加强生活垃圾全过程管理。建立健全生活垃圾处理标准规范体系，制定和完善生活垃圾分类、回收利用、工程验收、污染防治和评价等标准。进一步完善生活垃圾分类标识，使群众易于识别、便于投放。改进城市生活垃圾处理统计指标体系，做好与废旧商品回收利用指标体系的衔接。

（十四）严格准入制度。加强市场准入管理，严格设定城市生活垃圾处理企业资金、技术、人员、业绩等准入条件，建立和完善市场退出机制，进一步规范城市生活垃圾处理特许经营权招标投标管理。具体办法由住房城乡建设部会同有关部门制定。

（十五）建立评价制度。加强对全国已建成运行的生活垃圾处理设施运营状况和处理效果的监管，开展年度考核评价，公开评价结果，接受社会监督。对未通过考核评价的生活垃圾处理设施，要责成运营单位限期整改。要加快信用体系建设，建立城市生活垃圾处理运营单位失信惩戒机制和黑名单制度，坚决将不能合格运营以及不能履行特许经营合同的企业清出市场。

（十六）加大监管力度。切实加强各级住房城乡建设（市容环卫）和环境保护部门生活垃圾处理监管队伍建设。研究建立城市生活垃圾处理工作督察巡视制度，加强对地方政府生活垃圾处理工作以及设施建设和运营的监管。建立城市生活垃圾处理节能减排量化指标，落实节能减排目标责任。探索引入第三方专业机构实施监管，提高监管的科学水平。完善全国生活垃圾处理设施建设和运营监控系统，定期开展生活垃圾处理设施排放物监测，常规污染物排放情况每季度至少监测一次，二噁英排放情况每年至少监测一次，必要时加密监测，主要监测数据和结果向社会公示。

六、加大政策支持力度

（十七）拓宽投入渠道。城市生活垃圾处理投入以地方为主，中央以适当方式给予支持。地方政府要加大投入力度，加快生活垃圾分类体系、处理设施和监管能力建设。鼓励社会资金参与生活垃圾处理设施建设和运营。开展生活垃圾管理示范城市和生活垃圾处理设施示范项目活动，支持北京等城市先行先试。改善工作环境，完善环卫用工制度和保险救助制度，落实环卫职工的工资和福利待遇，保障职工合法权益。

（十八）建立激励机制。严格执行并不断完善城市生活垃圾处理税收优惠政策。研究制定生活垃圾分类收集和减量激励政策，建立利益导向机制，引导群众分类盛放和投放生活垃圾，鼓励对生活垃圾实行就地、就近充分回收和合理利用。研究建立有机垃圾资源化处理推进机制和废品回收补贴机制。

（十九）健全收费制度。按照“谁产生、谁付费”的原则，推行城市生活垃圾处理收费制度。产生生活垃圾的单位和个人应当按规定缴纳垃圾处理费，具体收费标准由城市人民政府根据城市生活垃圾处理成本和居民收入水平等因素合理确定。探索改进城市生活垃圾处理收费方式，降低收费成本。城市生活垃圾处理费应当用于城市生活垃圾处理，不得挪作他用。

（二十）保障设施建设。在城市新区建设和旧城区改造中要优先配套建设生活垃圾处理设施，确保建设用地供应，并纳入土地利用年度计划和建设用地供应计划。符合《划拨用地目录》的项目，应当以划拨方式供应建设用地。城市生活垃圾处理设施建设前要严格执行建设项目环境影响评价制度。

（二十一）提高创新能力。加大对生活垃圾处理技术研发的支持力度，加快国家级和区域性生活垃圾处理技术研究中心建设，加强生活垃圾处理基础性技术研究，重点突破清洁焚烧、二恶英控制、飞灰无害化处置、填埋气收集利用、渗沥液处理、臭气控制、非正规生活垃圾堆放点治理等关键性技术，鼓励地方采用低碳技术处理生活垃圾。重点支持生活垃圾生物质燃气利用成套技术装备和大型生活垃圾焚烧设备研发，努力实现生活垃圾处理装备自主化。开展城市生活垃圾处理技术应用示范工程和资源化利用产业基地建设，带动市场需求，促进先进适用技术推广应用和装备自主化。

（二十二）实施人才计划。在高校设立城市生活垃圾处理相关专业，大力发展职业教育，建立从业人员职业资格制度，加强岗前和岗中职业培训，提高从业人员的文化水平和专业技能。

七、加强组织领导

（二十三）落实地方责任。城市生活垃圾处理工作实行省（区、市）人民政府负总责、城市人民政府抓落实的工作责任制。省（区、市）人民政府要对所属城市人民政府实行目标责任制管理，加强监督指导。城市人民政府要把城市生活垃圾处理纳入重要议事日程，加强领导，切实抓好各项工作。住房城乡建设部、发展改革委、环境保护部、监察部等部门要对省（区、市）人民政府的相关工作加强指导和监督检查。对推进生活垃圾处理工作不力，影响社会发展和稳定的，要追究责任。

（二十四）明确部门分工。住房城乡建设部负责城市生活垃圾处理行业管理，牵头建立城市生活垃圾处理部际联席会议制度，协调解决工作中的重大问题，健全监管考核指标体系，并纳入节能减排考核工作。环境保护部负责生活垃圾处理设施环境影响评价，制定污染控制标准，监管污染物排放和有害垃圾处理处置。发展改革委会同住房城乡建设部、环境保护部编制全国性规划，协调综合性政策。科技部会同有关部门负责生活垃圾处理技术创新工作。工业和信息化部负责生活垃圾处理装备自主化工作。财政部负责研究支持城市生活垃圾处理的财税政策。国土资源部负责制定生活垃圾处理设施用地标准，保障建设用地供应。农业部负责生活垃圾肥料资源化处理利用标准制定和肥料登记工作。商务部负责生活垃圾中可再生资源回收管理工作。

（二十五）加强宣传教育。要开展多种形式的主题宣传活动，倡导绿色健康的生活方式，促进垃圾源头减量和回收利用。要将生活垃圾处理知识纳入中小学教材和课外读物，引导全民树立“垃圾减量和垃圾管理从我做起、人人有责”的观念。新闻媒体要加强正面引导，大力宣传城市生活垃圾处理的各项政策措施及其成效，全面客观报道有关信息，形成有利于推进城市生活垃圾处理工作的舆论氛围。

各省（区、市）人民政府要在 2011 年 8 月底前将落实本意见情况报国务院，同时抄送住房城乡建设部。